形态创意设计丛书

别墅庭院

美国／地域篇

张长江 著

中国林业出版社

图书在版编目（C I P）数据

别墅庭院 . 美国 · 地域篇 / 张长江著 . -- 北京 :
中国林业出版社 , 2015.7
ISBN 978-7-5038-7999-9

Ⅰ . ①别… Ⅱ . ①张… Ⅲ . ①别墅－庭院－园林设计
－世界－图集 Ⅳ . ① TU986.2-64

中国版本图书馆 CIP 数据核字 (2015) 第 115680 号

中国林业出版社 • 建筑分社
责任编辑：李丝丝 樊 菲
封面设计：张 翮
版式设计：张 翮 高舒宏 黄旭阳

出版：中国林业出版社（100009 北京西城区德内大街刘海胡同 7 号）
网站：http://lycb.forestry.gov.cn
E-mail：cfphz@public.bta.net.cn
印刷：北京利丰雅高长城印刷有限公司
发行：中国林业出版社
电话：（010）8314 3572
版次：2015 年 9 月第 1 版
印次：2015 年 9 月第 1 次
开本：1/16
印张：14
字数：700 千字
定价：128.00 元

写在前面的话

基于设计形象化思维的要求，编著一套记录和分析世界各地关于城市、建筑、室内、酒店、景观、园林、广场、商业、别墅、色彩等的设计要素类丛书，是我近十年来一直搁置不下的一个夙愿。记得建筑设计大师勒·柯布西埃，也曾离开法国，花了很长一段时间遍访世界各地，游历了希腊、意大利、巴尔干半岛、北非、小亚细亚等地方，经过实地体验，深入思考，成功地开创了自己创造性的设计生涯。从他1965年在法国南部海滨，朝向太阳游去离世至今，他对于世界设计的影响一直没有退去。当我与设计师一行登上法国东部索恩地区距瑞士边界几英里的浮日山区，望眼山顶上的朗香教堂，长时间驻足徘徊于这个雕塑一般的建筑时，更是万分感慨。我们不知从1950年开始设计建造的这个奉献给上帝的作品，世界各地的人们还会陪伴它多久。其实，很多有成就的设计师都和勒·柯布西埃有着同样的经历。他们从世界的城市建筑、景观园林中，不知汲取了多少的设计智慧，升华了多少的设计理念。当然，也还有很多的设计师与在校的学生，他们还没有机会迈出国门，走向世界，这就需要有这样一套丛书，帮助他们先从这样一个视角，窥测到设计世界的大千变化。

从2004年以来，我和我身边的设计同仁们，先后走遍了70几个国家和地区，有的一个国家甚至去了5次之多，拍摄了大量的图片，从中加以筛选，编辑成建筑形态、室内空间、城市景观、广场公园、别墅庭院、商业维度、酒店样态、色彩搭配等若干个分册，力求全方位展现出设计的各个视角，希望会对设计师的方案构思，多有启示。

从这些人类设计建造的实践中，我们可以看到，设计的形态创意首先来自于自然。太阳与动植物生命的轮回，启示了宗教的遐想，祭祀类的设计就是很好的例证。鸟巢、动物的洞穴、树木的生长结构、动物的生理形态也都曾为人类的设计活动所模仿；其次设计的形态创意来自于生活，从野外环境到人类社会环境的过渡，首先是生活与安全的需要，人类由追求自己的领地出发，城墙、城堡的建造就必不可少，所以耶利哥最早人类的新石器时代的城墙塔建筑物足以证明这一点；再次，设计的形态创意来自于技术，房屋的建造首先决定于对材料的加工，从泥、草、木、石，到烧结材料的加工与构造，建筑的层数由低到高，建筑的跨度由小到大，无不依赖于技术的进步与要求；还有设计的形态创意也要来自于艺术。艺术的创作，从来都是情感的，更是奢侈的，但也是美好的。艺术辨识了地域、民族，更是个性化的发展。所以设计的创新更是离不开艺术。造型与色彩的多样化，表现了人类多样性与差异化的特征，这也使得他们的精神生活得到满足。

这套丛书除了分析创意的点睛之笔之外，同时也对各国寻常与真实生活的一面也予以客观记录，以作为资料与研究性质的收集与展示。因为，这些也有可能成为日后设计创新的起燃点。正如美国建筑师路易斯·康设计的金贝尔艺术博物馆受突尼斯农庄建筑灵感推动一样，这些农庄的建筑又是受到草场、草卷与草垛的创意启发所致。

说是“全球视角”，也是相对而言的，不用说世界各地，就是一个国家的各个城市与地区对于一个本土设计师而言，要在一生中走遍，也是不容易的，但就地域而言，这套书基本上还是涵盖了世界的各大洲的一些主要国家与主要城市，涵盖了主要的设计历史与文化。所以，选择现在这样一个时机，来编撰出版这套丛书，也还算是适时的。其遗漏与缺憾部分，只有期望再版时，能加以扩展与补充。

这本书的图片来源，还要感谢张津墚、蒋传勇、申彤、关欣、孙磊、杨莹、王议烽、王正文、徐伟勇、杨旭东、李玉萍、王德志、于雷、赵彬彬、孙旗、崔险峰、刘诗倩、刘明毅、蒋德平、张翮等设计师，还有他们精湛的摄影技术，他们以设计的独特视角，不同地域城市的经历，为本书提供了一些国家多方面设计的重要补充，在此也表示衷心地感谢。

编著这样一套跨越时间、跨越地域的大型设计类丛书，由于时间的紧迫，知识的欠缺，难免会出现这样和那样的问题与错误，希望读者一旦发现，就不吝赐教。以便在再印时加以修订与完善。

大连工业大学艺术设计学院 张长江
2015年4月30日

目录
contents

夏威夷别墅

公元 500 ～ 900 年间，来自南太平洋塔希提岛的波利尼西亚人乘独木舟到夏威夷定居，1782 年卡米哈米哈一世统一夏威夷群岛，三世制定宪法后，美、英、法三国承认其独立地位。1887 年美国推行新宪法，限制国王自由，并于 1898 年吞并夏威夷，而后，在 1959 年夏威夷成为美国联邦第 50 个州。1993 年克林顿总统为推翻夏威夷卡米哈米哈王朝发表致歉书。

19 世纪后，来自中国、日本、朝鲜、菲律宾等地的移民大大超过波利尼西亚人，在保留原住民文化的基础上，多种文化并存。人口大多居住在瓦胡岛。

夏威夷别墅占地面积较大，大多都有高围墙界定，也有开放式或铁艺围栏通透的庭院，植栽以椰树为主，也有桉树等其他热带树种，注重草坪与花坛绿化。屋顶一般以坡屋顶居多，也有平顶，有欧式的设计，也有亚洲木结构样式的，颜色以白色的居多，并喜欢使用湖蓝点缀。夏威夷别墅表现了多种文化融合的痕迹和热带别墅与庭院的一般特征。

1.门上铸有植物叶子小动物和海浪纹交织图案的夏威夷别墅庭院
蒋传勇 摄

2.夏威夷别墅庭院围墙上安装铸铁栏杆保证了图案的连续性
蒋传勇 摄

3.瓦屋面、券柱与庭院的围栏都采取了铜蚀绿蓝色涂装的夏威夷别墅
蒋传勇 摄

4.普鲁士蓝色瓦屋面覆盖下的夏威夷浅黄色别墅
蒋传勇 摄

5.带状草坪分割出车行与人行的路面，夏威夷别墅庭院的矮墙门柱与铁艺围栏构筑了独立的家园，围墙贴边窄窄的花坛也种满了花卉与草丛
蒋传勇 摄

6. 夏威夷人字形屋面别墅庭院开放的草坪中栽植了椰树与花木，木砖瓦覆盖了建筑的屋面，阁楼的角部山墙的木板条垂直交错钉制而成，加强了整体的自然田园感
蒋传勇 摄

迈阿密别墅

佛罗里达州是欧洲人定居在美国最早的地域，1513 年西班牙人在圣奥古斯丁登陆，其后不久法国也来到这里殖民，但 1565 年西班牙人摧毁了法国的殖民地，建立了圣奥古斯丁殖民地。1763 年，英国通过古巴哈瓦那从西班牙手中交换得到佛罗里达。1783 年的第二次巴黎合约，英国将佛罗里达交还给西班牙。1819 年，战败的西班牙将佛罗里达州卖给美国，美国于 1845 年建州。

迈阿密位于佛罗里达州东南部的大西洋岸，地处热带。由于靠近古巴，有小哈瓦那之称。迈阿密别墅坐拥海滨美景，处于高耸的椰树林中，庭院里种有宽阔平整的草坪，海边有停靠的游船。各种建筑风格的别墅一般为二层，红、黄、白、紫是建筑首选的色彩，以和绿色形成鲜明对比。建筑以坡顶居多，也有现代的板式平顶墙窗别墅。建筑之间有着较大的间距，一般建有开阔的绿化庭院。

1.家有游艇的迈阿密别墅
于雷 摄

2.迈阿密粉红与黄色墙面，红砖瓦与草顶覆盖的滨海别墅
于雷 摄

3.修剪与非修剪绿树丛中的迈阿密红瓦白墙别墅
于雷 摄

4.红色栈桥水域的迈阿密红砖瓦别墅，空廊上为二层阳台
于雷 摄

5.迈阿密粉红色墙面的白瓦别墅，前后种满了棕榈、椰树与修剪整齐的绿篱
于雷 摄

6.迈阿密红砖瓦别墅，二楼窗套石材装饰与阳台花瓶柱石栏
于雷 摄

7.林中的浅粉红色墙面结合白瓦屋顶的迈阿密二层别墅
于雷 摄

8.倚白色凭栏的迈阿密灰瓦黄墙别墅
于雷 摄

9.红砖瓦覆盖的红涂料墙面别墅，整洁的园路连接海滩栈桥
于雷 摄

10.红黄色突显的迈阿密二层小住宅
于雷 摄

11.迈阿密红瓦覆盖下的浅灰色别墅
于雷 摄

IL VILLAGGIO

1.临近大西洋海滩的风格不一的迈阿密多层单体别墅
于雷 摄

2.色彩斑斓的迈阿密别墅，拥有重叠的花坛绿篱和精致的铁艺门栏
张津樑 摄

3.前有草坪，后有绿树的迈阿密庭院与白顶、白墙、白栏杆，白烟囱的别墅成对比
于雷 摄

4.架空的迈阿密白色板架别墅，具有现代感
于雷 摄

5.等距植栽椰树的迈阿密白色板架别墅
于雷 摄

6.迈阿密别墅住区的公共绿地公园中，建有六角攒尖红顶廊亭，邻近的水边还建有曲尺形金属栈桥、并建有方形石桩护柱
于雷 摄

迈阿密别墅

1.入口由巨柱支撑山花的迈阿密红瓦白墙二层别墅，墙角隅石、柱子、花瓶柱围栏、门窗套等为石材

于雷 摄

2.迈阿密白色二层别墅，室外有旋转楼梯，入口厅廊处覆盖着砖红色的单坡瓦屋面以及红色地面的栈桥都成为了亮点

于雷 摄

3.有游艇置于栈桥海面的迈阿密多层红砖瓦别墅建筑群，一层基本上都采取了罗马券洞式空廊设计，以便遮雨、遮阳与通风

于雷 摄

4.入口门厅上部阳台与屋顶平台结合设计的迈阿密多层棕顶白墙别墅，木作为红棕本色

于雷 摄

5.灰石墙洞装饰的迈阿密砖红瓦黄墙别墅、草坪庭院边缘种植高耸整齐的椰树

于雷 摄

6.一层弧线券洞，二层直线窗洞，三层局部攒尖的迈阿密多层单体别墅，石材本色砌筑并以烧结砖红瓦覆盖屋面

于雷 摄

1.迈阿密二层橘红色与浅紫灰色相配别墅，临近海边栈道草坪和庭院边缘种植了椰树和其他热带树木
于雷 摄

2.迈阿密坡顶与平顶别墅，浅黄色券洞支撑的浅紫色缓坡顶的亭子与跨进海滩的亭榭极富特色
于雷 摄

3.迈阿密砖红色烧结瓦覆盖下的二层红黄相配别墅，海边栈道结合游艇停放设施与小盝顶亭子进行设计
于雷 摄

4.掩映在椰林树丛之中的迈阿密砖红色烧结瓦的二层白色别墅，每层建筑设计空置券柱廊
于雷 摄

5.迈阿密沿海建造的现代二层平顶浅黄灰色直线窗洞别墅，庭院花坛与树池也以直线简洁的形式设计
于雷 摄

6.迈阿密沿海设计的二层橘色与白色区分的别墅，海边还设计了泳池等设施，游艇也涂上了主人钟爱的红色
于雷 摄

1.迈阿密沿海砖红色烧结瓦覆盖下的橘黄色与白色的小住宅建筑
于雷 摄

2.密植高乔的迈阿密二层黄色别墅，入口开放庭院高度不同的门柱之间采用弧形墙面过度，墙角、檐口与门窗套等部位用白色装饰
张津墚 摄

3.迈阿密沿路设计的一层白色别墅群，山花与门窗套用蓝色勾勒、庭院中植栽了松树与椰树
张津墚 摄

4.迈阿密沿海的二层浅黄色的独栋别墅采用厚重的檐部，配有白色的机械电动白色窗帘，花坛种有绿篱与矮棵棕榈
于雷 摄

5.砌有围墙的迈阿密现代别墅，建筑局部外装玻璃幕墙与金属骨架，围墙局部装饰圆形镂空嵌有舵轮图案
张津墚 摄

6.坡顶勾连结合复坡的迈阿密沿街灰色别墅，绿篱庭院结合局部围墙，墙面采用小石片装饰
张津墚 摄

休斯顿别墅

德克萨斯州位于美国中南部，原为印第安人的居住场所，1519年西班牙人到达这里，1685年法国在此殖民，1691年成为了西班牙的殖民领地。1821年为墨西哥的一个州，1936年由战争脱离墨西哥而独立，1845年并入美国。休斯顿以1836年打败墨西哥军队的美国移民萨姆·休斯顿将军命名，是德州最大城市。

休斯顿位于美国东南沿海，建筑除了受西班牙文化影响外，又因与墨西哥接壤，所以有多种文化展现。这里介绍的住区建筑是一个正在销售的别墅群，层数为一到三层，黑色屋面，屋檐与门窗洞口为白色，墙身为淡淡的绿黄色并带有横条式的纹路，有的墙面采用浅土黄色小块文化石装修，丰富了建筑肌理。

住区有公共的泳池，入水坡度设计有新意，树池与花坛也有特色，很窄的园路穿梭在庭院绿地之中，局部靠建筑处有植栽处理。

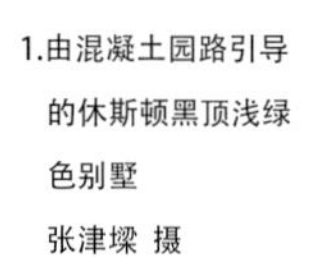

1.由混凝土园路引导的休斯顿黑顶浅绿色别墅
张津墚 摄
2.休斯顿浅绿色别墅的草地上种植少量灌木与乔木
张津墚 摄
3.休斯顿黑顶浅绿色别墅庭院在靠近建筑部位种植灌木与乔木
张津墚 摄
4.多层浅绿色别墅公共泳池实行铁艺围栏封闭管理
张津墚 摄
5.由浅黄灰石材贴面处理的休斯顿黑顶二层独栋别墅
张津墚 摄
6.休斯顿别墅的公共泳池采取弧形边界
张津墚 摄
7.泳池在台阶入水处设置了扶手栏杆
张津墚 摄
8.泳池入水处采用弧线浅碟型铺装处理
张津墚 摄
9.休斯顿别墅围合的公共泳池边布置休息躺椅等街具设施
张津墚 摄
10. 别墅区的庭院地面的停车位、园路、人行道与车行路
张津墚 摄
11. 住区内花坛、园路等材质的设计
张津墚 摄

圣迭戈别墅

圣迭戈是加州第二大城市，城市三面环海，四季如春。这里曾经是印第安人集聚的地区，1542年西班牙探险队从墨西哥来到这里，继而成为西班牙布道的基地。1821年墨西哥独立后，圣迭戈划入墨西哥国土。

1825年以老城为中心的圣迭戈成为墨西哥的边区首府。1845年因德克萨斯同美国断交，次年美墨战争后圣迭戈归属美国。

现在圣迭戈，还有老城得以保留，巴尔博亚公园以及内设的西班牙村艺术中心。在圣迭戈的别墅与庭院中都还留有不少西班牙与墨西哥的文化痕迹，比如白色与浓重的色彩，西班牙瓦的样式与屋面，木横梁穿过墙壁，深陷牢固的门窗，平顶的房子等等。

这里的车库一般采取集建一楼的方式，有木材构建的花架与廊架，厚重圆形檐角的木瓦屋面，视觉上令人震撼。

圣迭戈的绿化也是普遍的，不论是路边，还是人行路旁，还是私家庭院，草坪、灌木、乔木立体设计，相互关联，红色的花树也被用来作为色彩的点缀。

1.圣迭戈简洁蓝色别墅庭院中草坪与花坛相交映，布艺亭子与车棚也相互呼应

2.圣迭戈每户别墅的前面都带有一个绿篱或矮栏杆围成的方形庭院

3.圣迭戈白色墙身的灰瓦屋面别墅入口设在角部，木柱间插菱形板条

4.矮围墙柱间插黑色栏杆界定庭院的圣迭戈别墅，院门与屋门错开布置

5.圣迭戈浅蓝色鱼鳞板装饰的别墅采用白色勾勒门窗、檐口与庭院的木质围栏

6.圣迭戈白色别墅低缓后倾式木瓦屋顶与两层的门廊构成了蒙特里风格样式

7.圣迭戈土黄色别墅，白色屋面连接檐部与入口雨廊山花

8.楼体呈六面体的圣迭戈土红色别墅

9.墙身采用粉红色装饰的圣迭戈灰瓦一层别墅

10.入口在角部的圣迭戈一层蓝色别墅，庭院与墙体结合部花坛植栽了灌木

11.由斜木方挑支入口雨檐的白顶绿色圣迭戈别墅

the
VILLAGE
1220
1222

the
VILLAGE

1.一层结合商业设施布置的圣迭戈多层别墅
蒋传勇 摄
2.圣迭戈多层别墅的入口圆门、弧段雨棚与直立竖排栏杆
蒋传勇 摄
3.圣迭戈别墅比例协调的柱台及全幅门廊，受英国手工艺运动影响
蒋传勇 摄
4.斜柱支撑屋面、阳台、窗上遮阳的圣迭戈白灰色别墅
蒋传勇 摄
5.方木交错构成雨棚与窗上遮阳设施
蒋传勇 摄
6.一层开辟为停车场的圣迭戈多层别墅
蒋传勇 摄
7.砖红筒瓦屋面的圣迭戈一层别墅
蒋传勇 摄
8.车可穿过一层空间的圣迭戈浅黄别墅
蒋传勇 摄
9.圣迭戈滨海白色坡屋顶别墅
蒋传勇 摄
10.窗结合墙立面设计的圣迭戈别墅
蒋传勇 摄
11.木质托梁、栏杆、雨棚的圣迭戈别墅
蒋传勇 摄
12.棕色木架屋面与门廊的圣迭戈别墅
蒋传勇 摄

1.圣迭戈滨海坡顶别墅，材料为木材、砖石与金属等 蒋传勇 摄

2.圣迭戈白色小住宅，两段叠置高耸的院墙内绿意满园 蒋传勇 摄

3.改做商用的圣迭戈别墅庭院 蒋传勇 摄

4.沿路的圣迭戈黑顶白色别墅群 蒋传勇 摄

5.混凝土切块构筑院墙的圣迭戈白色别墅，还有木制围栏 蒋传勇 摄

6.圣迭戈白灰色别墅 蒋传勇 摄

7.由楼梯与过桥可以下行到别墅庭院 蒋传勇 摄

8.建筑表面爬满攀援植物的圣迭戈别墅 蒋传勇 摄

9.圣迭戈沿路设计的白灰色别墅 蒋传勇 摄

10. 圣迭戈白色坡顶别墅的木瓦厚顶是建筑的特点 蒋传勇 摄

11. 别墅铺地陶砖与同色的木质院门 蒋传勇 摄

12.庭院中陶砖铺地引导了不同入口 蒋传勇 摄

圣迭戈别墅

1.联拼的圣迭戈黑色坡顶别墅
蒋传勇 摄

2.圣迭戈别墅的庭院绿化、围墙与入口之间的组合设计
蒋传勇 摄

3.圣迭戈别墅庭院中绿草、绿围栏、黄墙与水泥灰园路之间协调的色彩关系
蒋传勇 摄

4.统一灰色与绿色中的圣迭戈别墅庭院
蒋传勇 摄

5.灰泥材料机理设计的圣迭戈别墅
蒋传勇 摄

6.一楼辟为商业用途的圣迭戈别墅
蒋传勇 摄

7.圣迭戈庭院中砾石园路与仿汀步设计
蒋传勇 摄

8.木质花架与庭院围栏的圣迭戈别墅
蒋传勇 摄

9.木质构件涂白色的圣迭戈别墅与庭院
蒋传勇 摄

10.阳台有遮阳屋面的圣迭戈白色别墅
蒋传勇 摄

11.墙柱将屋面檐口隔断的圣迭戈白色别墅与庭院
蒋传勇 摄

12.墙面由鹅卵石贴面装饰的圣迭戈别墅
蒋传勇 摄

圣迭戈别墅

1.表现手工艺运动美国工匠风格的圣迭戈别墅庭院
蒋传勇 摄

2.圣迭戈平顶白色别墅
蒋传勇 摄

3.白墙黑瓦设计的圣迭戈别墅庭院
蒋传勇 摄

4.砖红瓦覆盖下的圣迭戈暖浅灰色别墅
蒋传勇 摄

5.阁楼窗与一层窗对位设计的圣迭戈白墙黑瓦别墅与庭院
蒋传勇 摄

6.陡坡顶设计的圣迭戈黑瓦白墙别墅
蒋传勇 摄

7.圣迭戈白色别墅呈现出西南土坯风格，平顶、门窗深陷、木横梁穿过墙壁为普韦波罗印第安人建筑的特点
蒋传勇 摄

8.圣迭戈泥灰色别墅
蒋传勇 摄

9.坡顶出窗的别墅
蒋传勇 摄

10.圣迭戈别墅的浅黄色涂料结合石材
蒋传勇 摄

11.圣迭戈别墅墙面横线贴石材
蒋传勇 摄

12.有弧面屋顶设计的圣迭戈别墅群
蒋传勇 摄

圣迭戈别墅

1.一层为停车场的圣迭戈联体灰色别墅
蒋传勇 摄

2.门楣有木梁穿出的圣迭戈浅黄色别墅
蒋传勇 摄

3.侧面有扶墙烟囱的圣迭戈白色别墅
蒋传勇 摄

4.圣迭戈浅黄色多层别墅，攀援植物结合门廊花架设计
蒋传勇 摄

5.修剪绿篱与草坪的圣迭戈沿街别墅
蒋传勇 摄

6.坡顶石砌烟囱的圣迭戈别墅
蒋传勇 摄

7.空廊结合阳台开大窗的圣迭戈别墅
蒋传勇 摄

8.风格各异的圣迭戈沿街住区小建筑
蒋传勇 摄

9.蓝灰、白、浅黄交替设计的圣迭戈别墅群
蒋传勇 摄

10.绿化高度不一的圣迭戈沿街别墅
蒋传勇 摄

11.窗上檐设木质本色格架的圣迭戈别墅
蒋传勇 摄

12.湖蓝色屋面与门套设计的圣迭戈白色二层别墅
蒋传勇 摄

圣迭戈别墅

1.带有外露椽尾支架支撑屋檐的圣迭戈工匠风格别墅庭院
2.片石砌柱草原风格的圣迭戈别墅
3.红顶灰墙的圣迭戈沿街别墅与庭院
4.由红色点缀其中的圣迭戈沿街黑白灰别墅
5.具有英国中世纪晚期三角墙式屋顶，突出木方结构的圣迭戈白墙别墅
6.融合哥特尖顶与巴洛克山花断折风格的圣迭戈别墅
7.三联券洞文艺复兴样式的圣迭戈深檐红顶白墙别墅，草坪庭院开放植栽灌木与树木
8.注重遮阳设计的圣迭戈白墙红瓦别墅，遮阳檐廊凹入阳台，高植树木
9.圣迭戈沿街暖灰色平顶别墅
10.黑白纯粹两色的圣迭戈深檐别墅，入口门亭结合二楼阳台，绿篱围合庭院
11.墙角部开窗设计的圣迭戈别墅，折线形扶墙烟囱与铁艺金属收口有特点
12.大面积玻璃角窗，平板出挑遮阳的圣迭戈白色别墅与庭院

1043

1.长廊与八角亭连接的加州圣迭戈沿海白色别墅与庭院
2.圣迭戈的白色别墅
3.西南土坯平顶风格设计的圣迭戈暖浅灰色别墅
4.圣迭戈沿街灰顶别墅烟囱上设有鲸鱼浅浮雕的装饰，高低错落的修剪绿篱结合庭院矮围栏装点庭院
5.门洞深陷的圣迭戈沿街暖白灰色别墅
6.笔直园路直通入口的圣迭戈暖浅灰色别墅，对称铁艺围栏院门结合庭院墙
7.黑木双樑夹柱子间隔的圣迭戈沿街浅黄色别墅
8.蒙特里风格的圣迭戈白色别墅，屋面覆盖阳台与门廊，庭院种植修剪绿篱
9.强化木结构的西南土坯风格圣迭戈白黑别墅，庭院内满植各种热带植物
10.阳台结合错层设计的圣迭戈浅黄色别墅，庭院矮围墙结合两侧绿化种植
11.圣迭戈别墅落地方窗，庭院绿篱呈点、线与曲线结合
12.红砖院墙围砌的圣迭戈沿街别墅与庭院，平顶结合坡顶设计

圣迭戈别墅

1.车库建于地下的圣迭戈白色别墅与庭院

2.带有电动院门的圣迭戈白色别墅

3.浅土红灰屋面下红砖砌筑的圣迭戈沿街别墅

4.白墙配黑瓦，浅黄墙配砖红瓦的圣迭戈别墅，庭院内载有棕榈与火炬松等

5.虎皮石砌烟囱与勒脚的圣迭戈砖红瓦黄墙别墅，旱景庭院铺地与植栽设计

6.带有飘窗的维多利亚时期圣迭戈别墅，中间采用亭廊

7.圣迭戈沿街转角处黄色别墅，窗户及阳台栏杆为白色

8.圣迭戈别墅庭院遮阳伞下的家居摆设，铺地石材色彩多变

9.圣迭戈黑坡顶别墅，单臂遮阳伞下设有斜拉吊床

10.木制阳台围栏与门亭搁架雨棚设计的圣迭戈沿街黑瓦白墙别墅，围墙与围栏分成两个矮段

11.白色勾框柱檐的圣迭戈灰色别墅

12.片石砌筑局部墙与柱子的圣迭戈别墅与庭院，旋转铁艺楼梯通向楼顶休息平台

圣迭戈别墅

1.圣迭戈安妮女王时代风格的白色别墅

2.白色门窗的圣迭戈沿街浅土黄色别墅，窗上檐部厚重构件与阳台围栏一致

3.设计角雨棚与角坡屋顶的圣迭戈平顶别墅与庭院

4.高围墙上置修剪高绿篱的圣迭戈沿街坡顶别墅庭院

5.圣迭戈黄墙棕红瓦别墅，门窗柱檐用白色，院内有篮球架

6.二层墙面刷黄涂料的圣迭戈砖墙棕瓦别墅

7.内凹角采用弧形构筑阳台走廊、阳台栏板的圣迭戈别墅

8.直线与曲线并用的圣迭戈沿街别墅

9.重视围廊设计的圣迭戈沿街坡顶灰瓦白黄相间别墅

10.圣迭戈沿街别墅复坡顶两边长短不一，庭院草坪结合修剪的绿篱

11.白色门窗勾画提点的圣迭戈灰色别墅，庭院设有一个白色窄拱廊花架配植灌木

12.铁艺连接片石叠筑墙柱与抹灰围墙的圣迭戈沿街别墅庭院，入口两边栽植棕榈

圣迭戈别墅

1.屋面覆盖环绕四周法式门廊的圣迭戈别墅，围栏庭院内路边设有路灯
2.弧、曲、直面衔接自如的圣迭戈浅黄色别墅，入口两侧设弧形花坛
3.檐椽支撑屋面板与阳台构造的圣迭戈切角别墅，开放的庭院设有高度不同的树种绿化
4.院内种植高乔木的圣迭戈沿街棕瓦灰色别墅
5.圣迭戈沿街石砌围墙、台阶的黄色别墅，入口处的木结构制作与蓝色券门有特点
6.圣迭戈沿街坡顶别墅与开放式庭院
7.圣迭戈白色与灰色相间设计的棕瓦别墅与开放式庭院
8.攒尖顶与陡坡屋顶结合设计的圣迭戈白色别墅
9.复坡设计的圣迭戈棕瓦屋面别墅
10.屋顶设计复杂的圣迭戈别墅与庭院
11.有哥特式设计元素的圣迭戈别墅与庭院，路面铺装引导车库与建筑入口
12.有黑色百叶的圣迭戈别墅，窗户与檐部用白色勾描

圣迭戈别墅

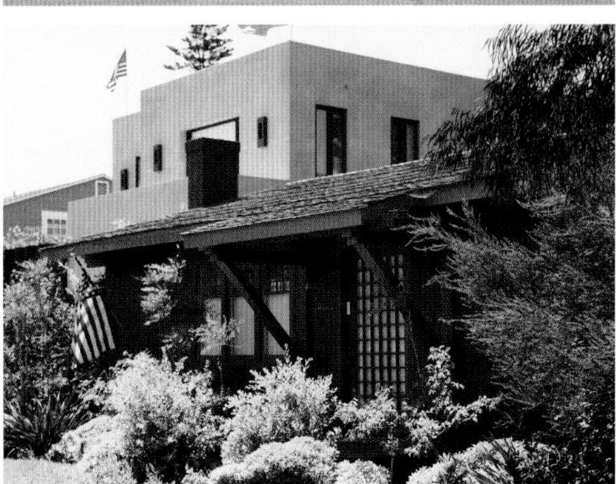

1.西南土坯风格设计的圣迭戈灰色别墅，条状车道结合草坪与球门场地

2.山墙出檐开门洞与窗户的圣迭戈白色小住宅，庭院虽小但也设计精心

3.采用侧向入户的圣迭戈灰色别墅庭院，窗下置有休息长椅

4.树木外挡的圣迭戈沿街白色木墙瓦别墅，庭院内植栽茂盛

5.有地域工匠风格亭廊设计的圣迭戈灰瓦蓝墙别墅，庭院白色木栏两侧植栽绿植和花卉

6.由红砖路沿界定车库与庭院入口的圣迭戈白蓝别墅

7.弯曲园路引导入口的圣迭戈白色别墅，门窗为典型的联邦时期美式风格

8.圣迭戈沿街灰黄相配别墅，庭院白色木质围栏

9.木柱支撑全幅阳台凉廊的圣迭戈工匠风格白色别墅

10.局部采用哥特式六边攒尖的圣迭戈沿街灰色别墅，庭院内立体绿化设计

11.风格迥异的圣迭戈沿街别墅与庭院

12.木柱斜撑雨棚的圣迭戈别墅，庭院密植灌木

1045

1032

1.铁门内的圣迭戈白色别墅与庭院，白色门柱下砖砌础部
2.圣迭戈别墅庭院的墙部采用西南土坯风格圆边收顶设计
3.花开满园的圣迭戈别墅与庭院，门窗墙边套图案砖装饰
4.木瓦墙装修，全幅亭廊工匠风格的圣迭戈灰蓝色别墅
5.哥特与地域风格协调设计的加州圣迭戈沿街别墅与庭院
6.梯形巨窗设计的圣迭戈白色别墅，院墙柱与圆灯外侧也采用斜线与之协调
7.圣迭戈庭院内放置的斜拉吊床
8.隅石墙角，两端凸窗，中间窗上檐部开圆券出屋面的圣迭戈别墅与庭院
9.平顶连接坡屋面，虚实两空间结合设计的圣迭戈带雨淋板白色别墅与庭院
10.砖红瓦覆盖的圣迭戈西南土坯风格的白色别墅与庭院
11.局部设柱高红砖围墙庭院的圣迭戈白墙灰瓦别墅
12.红色勾边檐部、窗框的圣迭戈陡坡顶白色别墅与庭院

1.屋面设有太阳能装置的圣迭戈灰瓦白墙别墅，庭院砖墙结合绿篱与绿化

2.建有八角楼的圣迭戈别墅，墙面石材砌筑，庭院除人行与车道外皆绿化

3.白砖红瓦设计的圣迭戈住区别墅

4.竹杆围庭院，帆布盖游艇的圣迭戈灰瓦白墙别墅

5.车库廊与门廊拼接设计的圣迭戈浅黄色别墅与庭院

6.蓝色百叶窗与檐部装饰的圣迭戈黄墙红瓦别墅与庭院

7.过廊门洞上内角弧弯的圣迭戈别墅，绿化庭院内外兼顾

8.庭院攀援植物结合门洞的圣迭戈沿街别墅，木门墙作为院墙的一部分

9.木瓦挂顶挂墙的圣迭戈灰黑色别墅，柱、檐、门窗为白色

10.柱撑平楣门廊的圣迭戈白色别墅，庭院种植热带树木

11.庭院高围墙外绿化的圣迭戈沿街白色别墅，墙表面用灰色木瓦装修

12.圣迭戈白色别墅的窗上墙有浅浮雕装饰，柱上有楔托，侧窗分割成小格

圣迭戈别墅

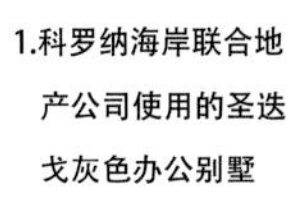

1.科罗纳海岸联合地产公司使用的圣迭戈灰色办公别墅

2.烟囱为建筑装饰构件的圣迭戈白色别墅与庭院

3.窗户内设有窗帘与百叶遮阳的圣迭戈白墙别墅与庭院

4.三个洞口一组，孔型各异的圣迭戈黄墙红瓦别墅与庭院

5.三券连挑门廊的圣迭戈白墙别墅

6.圣迭戈沿坡地建造的坡屋面别墅建筑群与庭院

7.券洞组合各异的圣迭戈独立白墙别墅

8.台阶穿越草坪台地的圣迭戈沿街黄墙双层密檐平顶别墅

9.各式坡顶结合，砖红顶与灰色屋面各异的圣迭戈坡地别墅群与庭院

10.受法国学院派影响的圣迭戈白墙棕红瓦坡顶别墅，庭院围墙石材砌筑，两边接绿化

11.坡顶勾连的圣迭戈灰色沿街别墅，门窗为白色，绿篱修剪整齐

12.山墙有曲线木构件装饰的圣迭戈白墙棕红瓦别墅与庭院

圣迭戈别墅

1.圣迭戈沿路坡建造的别墅，设计重视横向线与扁长窗

2.圣迭戈白色双坡屋顶别墅，灰色墙面与白色门窗形成对比

3.墙面挂雨淋木质本色木瓦的圣迭戈别墅，庭院墙砖红瓦压顶，内植灌木与乔木

4.车库突出于墙外的圣迭戈灰色别墅，入口设门廊

5.圣迭戈沿街别墅与庭院，建筑色彩为白色与灰色

6.融合墨西哥浓郁风情色彩的圣迭戈坡地别墅

7.门窗花架木作涂蓝色的圣迭戈红砖红瓦白墙别墅与庭院

8.屋檐深挑的圣迭戈沿街白色别墅，庭院围墙与建筑周边种植灌木

9.蓝色与黄色对比勾饰的圣迭戈白墙红瓦别墅，庭院设有白色围栏

10.火炬松结合修剪绿篱妆点庭院的圣迭戈沿街别墅

11.木柱支撑门廊，屋檐深挑的圣迭戈白墙红瓦工匠别墅

12.土黄与浅灰黄的圣迭戈西南土坯风格住宅庭院

圣迭戈别墅

1.墙面挂木瓦装饰的圣迭戈灰色沿街别墅，围墙与绿地间有高度不同的绿篱
2.圣迭戈白墙灰顶别墅与开放庭院
3.圣迭戈白色与灰色沿街二层坡顶别墅
4.女儿墙突破坡底檐的圣迭戈白色别墅，檐部与门窗饰黄色
5.绿篱围界庭院的圣迭戈灰色沿街灰瓦或砖红瓦黄墙别墅
6.烟囱各有特色的圣迭戈别墅与庭院
7.圣迭戈蒙特里风格的砖红瓦白色别墅
8.圣迭戈棕红瓦浅蓝色别墅与庭院，门窗与花架为白色
9.圣迭戈灰瓦白雨淋板墙别墅，庭院放有黄蓝休闲座椅
10.由进门廊架区分的圣迭戈灰墙别墅，庭院间设白色木栏
11.设有角窗，小坡屋面的圣迭戈黄墙红瓦别墅，庭院局部设坡地，并进行绿化
12.屋面与立面色彩鲜明的圣迭戈沿街一层别墅与庭院

圣迭戈别墅

1.色彩协调的圣迭戈别墅与坡地庭院

2.园路烧结红砖铺设的圣迭戈红瓦白墙沿街别墅与庭院

3.南部土坯风格的圣迭戈白色别墅与庭院，上下段与侧窗的设计有特点

4.圣迭戈绿瓦绿地白墙别墅与庭院

5.高墙深院，强调墙面纹案肌理的圣迭戈白色别墅

6.柱台支撑入口檐廊的圣迭戈灰色别墅，庭院园路直对户门

7.圣迭戈白砖红瓦别墅，庭院内栽种修剪绿篱

8.西南土坯风格的圣迭戈别墅，门券廊衔接庭院绿化

9.圣迭戈浅绿色别墅与庭院，单坡屋顶设红瓦屋面

10. 全幅与半幅坡顶廊架的圣迭戈工匠风格的棕瓦灰色别墅，檐部山花、门窗柱子等为白色

11. 砖红瓦圣迭戈灰色别墅，庭院开放

12. 窗门洞深嵌的圣迭戈白墙红瓦别墅与庭院

圣迭戈别墅

1.圣迭戈白色与黄色立面的坡地别墅
2.圣迭戈浅土红色墙的沿街别墅与庭院
3.加州圣迭戈暖灰色坡地黑瓦别墅与庭院，门窗为棕色
4.烟囱设计为墙形的圣迭戈黑瓦灰色坡顶别墅，庭院墙上围挡玻璃
5.木架花廊的圣迭戈白色别墅与庭院
6.修剪绿篱庭院门洞的圣迭戈老城豆绿色沿街黑瓦别墅
7.圣迭戈坡顶灰色围墙内建造的沿街坡顶独立别墅与庭院
8.玻璃围墙内建筑的圣迭戈黑顶白墙独立别墅与庭院
9.庭院园路、花坛采用曲线设计的圣迭戈灰白两色别墅
10. 木架挑檐及门廊，木板围栏，砖砌烟囱的圣迭戈灰顶白墙别墅与庭院
11. 西南土坯结合工匠风格的圣迭戈老城土黄别墅，庭院围墙与建筑立面材质一致
12. 黑白两色搭配的加州圣迭戈老城沿街坡顶别墅

洛杉矶别墅

1972年西班牙布道来此传播宗教，1781年建立城市，1821年归属墨西哥，1850年，美国与墨西哥战争后，划归美国。现在，洛杉矶是美国第二大城市与海港，保留有不少西班牙与墨西哥的历史遗迹。

洛杉矶别墅一般以一、二层为主，房子的屋面一般色彩较浅，有个别还设计成白色，以利于阳光的反射，有的还有蓝色。洛杉矶的墙壁也以白色与暖浅色居多，也有石材与烧结面砖的贴面装修，圆形的筒楼攒尖，还有复坡连接长长的屋面，都显露出西班牙与墨西哥的文化影响。

本土工匠风格的别墅也明显受来自英国工艺美术运动的影响，长长深挑的悬山，还有比例适当的柱台与撑柱，也反映了本土地域的创新设计。

洛杉矶别墅的庭院绿化一般采用开放的形式，以修剪草坪为主，配置灌木、修剪的绿篱与树篱，还有桉树、椰树、棕榈等热带乔木树种。彩叶树与花卉的种植也有设计的考虑。

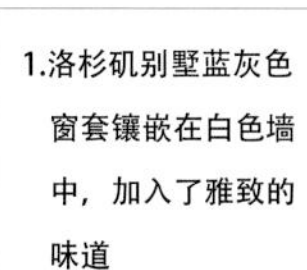

1.洛杉矶别墅蓝灰色窗套镶嵌在白色墙中，加入了雅致的味道

2.修剪的树篱中建造的洛杉矶白色别墅

3.洛杉矶别墅庭院中种植了修剪灌木

4.洛杉矶棕红瓦黄灰白墙别墅

5.法国学院派影响，屋顶有都铎风格的洛杉矶暖黄色别墅

6.高耸热带植物围绕的洛杉矶坡顶别墅
蒋传勇 摄

7.红叶黑瓦白墙的洛杉矶别墅秋景
蒋传勇 摄

8.都铎式红瓦白墙洛杉矶别墅飘窗突出
蒋传勇 摄

9.有落叶覆盖至草坪的洛杉矶二层白色别墅，红叶蓝天绿树，一派秋日景色
蒋传勇 摄

10.灰顶白墙的洛杉矶别墅，沿路庭院草坪绿地上植栽了修剪的绿篱
蒋传勇 摄

11.洛杉矶黄色别墅的阳台局部栏板设计为竖曲线状，近角部墙上竖曲面台体与之呼应
蒋传勇 摄

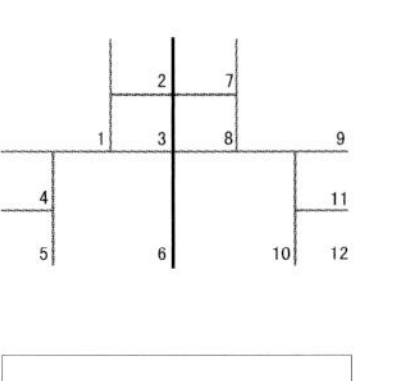

1.洛杉矶砖红瓦白墙别墅门洞升至屋面

2.白色屋面的洛杉矶白色别墅，庭院草坪上种植修剪绿篱

3.暖灰色屋盖的洛杉矶别墅，飘窗台栏板采用文化石镶贴

4.高墙深院的洛杉矶别墅，高宽烟囱，庭院种有绿篱

5.洛杉矶别墅庭院绿篱围绕，外墙用冰裂纹石材装修

6.洛杉矶别墅雨廊深挑，坡顶开老虎窗

7.黑色木结构外露的维多利亚浅黄坡顶别墅，庭院草坪结合孤植树木与绿篱

8.洛杉矶白色别墅，屋架外露，有维多利亚时期的特点

9.洛杉矶白色别墅，有好的反光隔热效果，对绿化有衬托

10.工匠风格的洛杉矶木质别墅，木椽子悬臂，柱台柱支撑门廊

11.两坡屋顶穿插设计的洛杉矶暖灰色别墅，有白色勾檐与窗口

12.同坡角的洛杉矶浅蓝色别墅，一端山墙出门廊并用木柱支撑

603 N

1.洛杉矶砖红瓦别墅，旋转楼梯外建造了竖向筒体，坡地草坪植灌木，也有高乔树种，建筑形体多变，错落有致
王议烽 摄

2.黄色与黑色对比设计的洛杉矶别墅，墙角用白色等尺石材，院墙内栽植修剪绿篱
王议烽 摄

3.洛杉矶别墅采用券洞门窗设计，土黄墙配黑瓦，粉红墙配砖红瓦，除车路与人行道都有绿化
王议烽 摄

4.洛杉矶复坡别墅的设计受到荷兰影响，上下分段的窗户，暖色墙配合贴砖与隅石，都给建筑以古朴典雅的感受
王议烽 摄

5.洛杉矶别墅复坡屋顶与砖砌墙身，木结构分割白色墙面，表达了德国的风格设计
王议烽 摄

6.洛杉矶别墅扇形窗与侧窗构成了典型的美国联邦时期的装饰特征，红黑两色楼梯与围栏有震颤派的特点
王议烽 摄

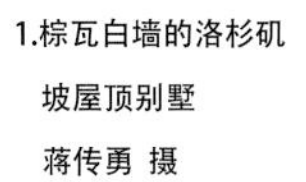

1.棕瓦白墙的洛杉矶坡屋顶别墅
蒋传勇 摄

2.屋顶如蘑菇般木瓦覆盖的洛杉矶别墅
蒋传勇 摄

3.洛杉矶别墅庭院围墙分开，两侧采用灌木花卉栽植
蒋传勇 摄

4.洛杉矶别墅步行街两侧绿化
蒋传勇 摄

5.由乔木、灌木、修剪树篱界定的洛杉矶别墅车库道
蒋传勇 摄

6.一段弧面兰色镀锌铁板层面的洛杉矶别墅
蒋传勇 摄

7.修剪的塔松围成的洛杉矶别墅庭院，矮围墙与短铁栏围筑花坛式院墙
蒋传勇 摄

8.洛杉矶别墅屋顶围栏呈米字图案
蒋传勇 摄

9.洛杉矶别墅深挑檐廊，砖砌本色立面，庭院设半圆形车道
蒋传勇 摄

10.掩映在绿树中的洛杉矶绿色别墅
蒋传勇 摄

11.掩映在绿树与灌木中的洛杉矶别墅
蒋传勇 摄

12.绿藤攀援花架的洛杉矶白色别墅
蒋传勇 摄

1907

1.庭院停有轿车的洛杉矶黑瓦白墙别墅
2.洛杉矶浅黄灰色墙面的油粘片瓦别墅
3.洛杉矶灰瓦黄墙别墅门廊与庭院花坛相连
4.局部砌砖，平顶厚檐涂绿的洛杉矶黄墙别墅与庭院
5.庭院设矮围墙的洛杉矶沿街白色别墅
6.洛杉矶棕瓦歇山顶别墅，檐部与窗套涂装绿色
7.台阶结合坡道与绿地的洛杉矶棕色屋面别墅，门窗涂白
8.墙柱设圆灯的洛杉矶灰墙棕瓦别墅，庭院栽灌木花草
9.庭院矮墙与柱结合铁艺围栏的洛杉矶棕瓦黄墙别墅，门窗为白色
10.车库连接住区道路的洛杉矶沿街别墅与庭院
11.园路引导的洛杉矶黄墙红瓦别墅，庭院草坪、树木与修剪绿篱
12.洛杉矶豆沙色棕瓦别墅，勒脚部位片石装修，庭院由铁艺围栏结合矮灰色砌块柱围绕

洛杉矶别墅

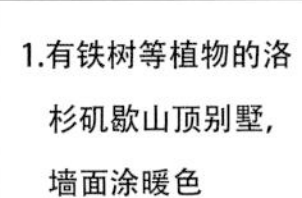

1.有铁树等植物的洛杉矶歇山顶别墅，墙面涂暖色
2.曲尺围筑停车位结合车库入口的洛杉矶坡顶别墅，庭院花坛结合绿地设计
3.园路引导入口，石砌花坛靠近建筑的洛杉矶棕瓦白墙别墅与庭院
4.近墙种植有造型树篱的洛杉矶黄色别墅，勒脚由黄紫两色砖组砌
5.洛杉矶黑顶灰白色别墅与庭院，进户与车库邻接
6.墙窗由密集竖木格装修的洛杉矶黄棕两色设计的别墅
7.洛杉矶别墅庭院内难得铁树开了花
8.洛杉矶木结构别墅，基础、花坛均采用块石砌筑
9.门廊采用白色混凝土花格砌筑的洛杉矶石构别墅与庭院
10.洛杉矶别墅庭院由混凝土砌块分割，内铺卵石、置石与植树进行设计
11.设有高杆园灯的洛杉矶黄墙棕瓦别墅与庭院
12.洛杉矶别墅庭院由混凝土花格组砌结合竖条砖装修柱墙

1.虎皮石装修贴面的洛杉矶黄墙黑瓦别墅，庭院花坛邻接建筑

2.围墙错落缺口设计的洛杉矶砖红瓦浅黄墙别墅与庭院

3.强调砖砌与灰泥甩涂滚压肌理墙饰的洛杉矶深檐别墅

4.铁管挂钢网附菱形塑料格片做围栏的洛杉矶别墅庭院

5.小窗设计的洛杉矶棕瓦白墙别墅，庭院开放与封闭结合

6.本色木柱白墙内有木浮雕装饰的洛杉矶棕色坡顶别墅

7.洛杉矶别墅庭院花坛内植栽与盆栽结合，修剪绿篱与自然树貌结合

8.洛杉矶棕瓦白墙别墅与庭院，花丛灌木中还有绿竹栽植

9.庭院内停有紫红色小游艇的洛杉矶棕瓦黄墙别墅

10.树篱遮挡，墙砌花格的洛杉矶白墙砖红瓦别墅与庭院

11.洛杉矶别墅庭院花坛内有层次的绿化种植

12.洛杉矶别墅入口地设石灯照明，庭院内树木枝繁叶茂也可兼做雨棚使用

洛杉矶别墅

1.洛杉矶别墅沿庭院设置植物廊架，遮阴避雨一举多得
2.枯山水花坛衔接草坪绿地的洛杉矶别墅庭院，一边为车库前的车行路面与停车场地
3.洛杉矶沿街别墅开放式庭院的多树种木不同层次的绿化
4.洛杉矶别墅庭院大小半圆花坛围界，围墙高矮相断
5.住区停车场部位的洛杉矶别墅，庭院花坛进行绿化
6.洛杉矶别墅庭院内种满了各种花灌类植物
7.洛杉矶别墅房间用斜木方搭接花架引导入户，园路铺地用烧结砖
8.庭院有金属报箱的洛杉矶别墅，庭院植栽结合盆栽设计
9.洛杉矶庭院围绕建筑进行的绿地、花坛、灌木、树木等多方式绿化
10.有自然围界花坛的洛杉矶别墅庭院
11.树木与灌木结合的洛杉矶别墅庭院
12.洛杉矶别墅庭院树根卵石摆筑花坛，粉紫白红小花种植以加强对比

洛杉矶别墅

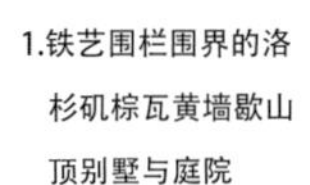

1.铁艺围栏围界的洛杉矶棕瓦黄墙歇山顶别墅与庭院
2.洛杉矶别墅白墙衬托出松树与修剪绿篱树形的景致画面
3.勒脚砖砌的洛杉矶黄墙棕瓦别墅，庭院种植了修剪树篱
4.窗墙下设计有简单方形图案的洛杉矶棕瓦黄墙别墅
5.洛杉矶浅蓝灰色别墅接圆弧型花坛，绿地草坪、灌木结合乔木植栽
6.坡顶内角入户雨廊有砖砌柱支撑的洛杉矶白墙棕瓦别墅，庭院绿地开放
7.豆绿色涂檐口、百叶窗、窗门套的洛杉矶白墙棕瓦别墅
8.豆沙色装饰檐口、门窗套的洛杉矶白墙灰瓦别墅与庭院，局部勒脚用石料
9.墙面有铁艺花装饰的洛杉矶黄墙灰瓦小住宅，庭院孤植椰树与修剪绿篱
10.统一黄棕色系处理的洛杉矶别墅
11.洛杉矶棕瓦黄墙别墅，花坛近建筑处有植栽绿化
12.勒脚为砖砌的洛杉矶灰色别墅，庭院绿地下面设有 排水管道等设施

洛杉矶别墅

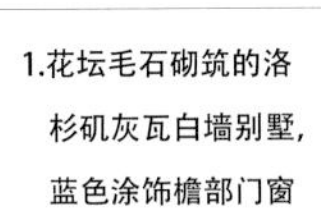

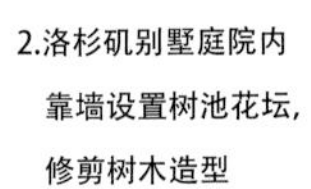

1.花坛毛石砌筑的洛杉矶灰瓦白墙别墅，蓝色涂饰檐部门窗

2.洛杉矶别墅庭院内靠墙设置树池花坛，修剪树木造型

3.紫色门窗套与檐部装饰的洛杉矶灰顶白墙别墅

4.车库前红砖分隔地面的洛杉矶白紫色搭配的别墅与庭院

5.洛杉矶别墅庭院的人行台阶步道结合花坛与车库前路面统一设计

6.暖灰色立面，冷灰色屋面，复坡屋顶的洛杉矶小宅

7.门窗及山花檐部涂饰普鲁士蓝色的洛杉矶白墙灰瓦别墅

8.灰白紫三色的洛杉矶别墅，庭院小品铁架上有铁质风转

9.棕瓦灰墙白门窗的洛杉矶小别墅，庭院铁艺围栏结合石材墙垛

10.烟囱砖砌的洛杉矶灰瓦白墙别墅，庭院修剪绿篱围界

11.洛杉矶别墅庭院靠墙布置大小卵石围筑花坛

12.洛杉矶棕瓦黄墙别墅，庭院靠墙部位放置了一个木质休息长椅

洛杉矶别墅

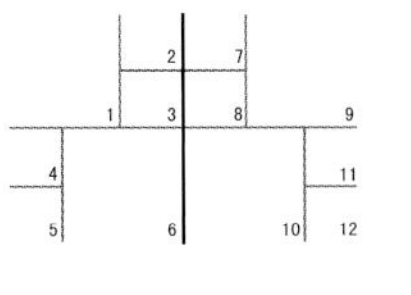

1.洛杉矶黄墙棕瓦复坡雨廊别墅，庭院孤植老树
2.路边放有废物桶的洛杉矶沿街黄墙棕瓦别墅与庭院
3.车库与挡土墙有涂鸦绘画的洛杉矶黑瓦白墙别墅，入户檐部山花强调造型
4.洛杉矶黄墙别墅，庭院铁管丝网围栏，门由芦苇杆编织成
5.茂密树丛围护的洛杉矶沿街棕黑瓦覆盖下的橘红色别墅与庭院
6.洛杉矶棕瓦覆盖的土红色别墅，白色勾勒门廊与门窗
7.券洞门廊的洛杉矶白墙棕瓦别墅，庭院植栽草坪
8.家有房车的洛杉矶小住宅与庭院，屋檐与门窗为白色
9.墙面强调木瓦、雨淋板、抹灰涂料肌理对比装饰的洛杉矶暖灰色别墅
10.洛杉矶灰顶黄墙、棕顶橄榄绿墙别墅，庭院铁艺围栏或挂芦苇织帘
11.庭院内孤植老松树遮阴的洛杉矶蓝顶黄墙别墅，扶墙烟囱砖砌
12.洛杉矶浅豆绿色别墅，门窗有白色窗套突出设计

旧金山别墅

从1496年起，西班牙成为最早向美洲殖民的国家，从海地圣多明各起征服墨西哥。1772年西班牙开始在这里建立要塞，1847年墨西哥人进入此地，以西班牙文圣佛朗西斯科为旧金山命名。后来，美国从印第安人手中夺去了俄勒冈及加利福尼亚，圣佛朗西斯科就不免带有弄浓重的西班牙文化色彩。这是一个人口稠密的城市，次于纽约居第二位。

由于西班牙等欧洲文化的影响，旧金山别墅层数较多，厚重大气，十分注重檐部变化，突出开间成六角或弧形状，色彩有土黄、柠檬黄、橄榄绿、灰蓝、粉红等，暖与冷立面色彩会呈现自然的视觉过渡，“六姐妹”别墅就是一个很好的代表。当然也受罗马、哥特、文艺复兴、维多利亚时期等风格的影响，也有地域工匠风格的传播形成的住宅小建筑。显示了多样化的别墅设计风格。

由于旧金山地处北部中纬37°左右，建筑以浅色居多，贴砖建筑少，重点放到墙面与口洞的装饰与肌理表现上。庭院绿化也具有很强的特点，如修剪的手法。

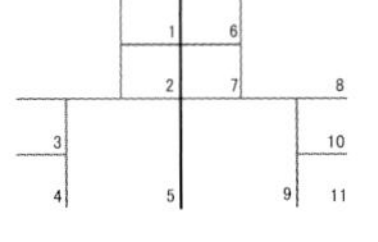

1.局部红檐瓦的旧金山灰白两色别墅
2.旧金山小住宅前的庭院考虑了中高树木的栽植
3.小建筑木门上的乳钉与长的折页展示了旧金山早期的殖民城堡文化
4.旧金山别墅入门采用雕塑结合花坛与围墙，门为新艺术铁艺样式
5.旧金山黄色别墅的入口对着街角，阳台与烟囱的托梁结合装饰别具特色
6.旧金山别墅的入口采用在二层部位楼梯进入
7.旧金山的别墅墙角采用隅石，托梁挑出阳台
8.旧金山别墅的庭院内外草坪与绿篱进行了修饰，种植了大型树木，彩色花卉散布于花坛之中
9.庭院树木修剪造型结合自然树貌，旧金山别墅的装饰重点放在窗口、窗墙、凸窗、窗台等部位
10.由罗马窗的券洞、券龛结合哥特券装饰的旧金山别墅
11.罗马券洞结合美式太阳窗格的旧金山小建筑，进户在二楼，需拾梯而上

1.旧金山别墅的形有哥特形、文艺复兴形，木制飘窗明显受奥斯曼风格影响

2.旧金山不同檐部的别墅，树木栽植与绿篱设计结合车的进出与停车路线

3.旧金山的沿路联排别墅，每户墙面都有宽阔的窗户

4.旧金山别墅的蓝、绿、黄采用接近的明度，以求统一

5.旧金山联排别墅，窗檐及屋檐都采用了圆弧线形的设计

6.车库两侧种植花木的旧金山联排暖色小住宅建筑

7.黑色屋面、白色檐柱与门窗勾画的旧金山黄色小宅子

8.由意大利塔什干柱式支撑门廊的旧金山浅黄别墅

9.旧金山大型别墅由二层入口，厅廊与弧形楼梯被包裹在一个圆柱形体内

10.一楼入口与车库结合的旧金山别墅

11.进户楼梯设在建筑体内的旧金山别墅

12.四坡屋顶覆盖车库与客厅，两坡屋顶下设居室的圣佛朗西斯科住区别墅的典型布局

282

BAY
BAKER

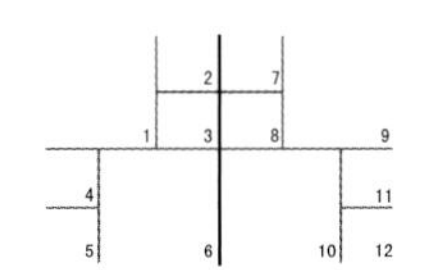

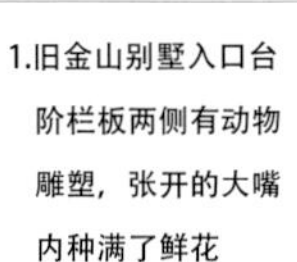

1.旧金山别墅入口台阶栏板两侧有动物雕塑，张开的大嘴内种满了鲜花

2.旧金山的联排别墅后退阳台，有折线、弧形、圆形墙面

3.强调窗连贯性设计的旧金山别墅

4.旧金山别墅采用相同的设计，以增加等量的节奏延续感

5.窗间墙采用同样材料与色彩装饰的旧金山别墅

6.深受17中世纪英国文化影响的旧金山白墙蓝窗别墅，扶墙烟囱很有特点

7.旧金山的三层联排别墅强调明度对比，间墙设计了紫蓝灰色等

8.风格迥异的旧金山别墅，凸窗或阳台采用通透铁艺栏杆

9.沿坡地设计的旧金山别墅，檐部采用了不同样式的识别性对比

10.拥用凸窗的旧金山别墅，每栋颜色有区别，但明度接近

11.楼梯前地面采用陶瓷马赛克铺装的旧金山别墅

12.旧金山别墅门廊入口色彩浓重，高挂的灯笼为夜间照明而设计

1.沿山坡而建的旧金山别墅，浅兰绿色墙面与绿地相协调
2.旧金山砖砌别墅，户门两侧的窄墙上设计了壁灯
3.墙面砖与石材装饰结合的旧金山小住宅，庭院满种花卉植物而不设围栏
4.孤植大树结合草坪的旧金山别墅庭院
5.旧金山别墅庭院的植栽层次分明，雕塑与花篮不俗
6.色彩彰显洛可可风格的旧金山别墅，顶部墙面有浮雕
7.一层作为车库使用的旧金山转角大型联拼浅黄灰色别墅，凸窗结合阳台设计
8.旧金山的联排别墅，一层券洞门廊，二层弧形墙窗
9.旧金山艺术湖边的浅马兰灰色别墅，草坪结合修剪的绿篱与树木
10.旧金山别墅屋檐为白色，窗框为蓝色，结合墙面浅黄色
11.深紫色建筑邻接豆绿与白灰色的旧金山别墅群
12.旧金山别墅平顶转角建筑邻接两坡屋面，绿色窗格与檐口点缀在黄色墙面上

BAKER

BAKER

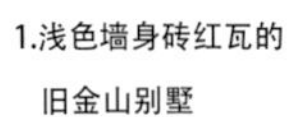

1.浅色墙身砖红瓦的旧金山别墅

2.旧金山别墅窗过梁黑勾白，密肋托梁等都是装饰亮点

3.防火梯通向屋面的旧金山别墅，屋面有密肋椽支撑挑出

4.中部及两侧有阳台凸挑的旧金山小建筑群

5.由修剪乔木夹设车道与人行通道的旧金山别墅群建筑

6.考虑一定间距的旧金山别墅街区

7.草绿顶白墙，砖红顶黄墙设计的旧金山别墅，草坪、绿篱、树木错落有致

8.精致小庭院绿化设计的旧金山别墅群

9.重视檐部、墙面与洞口装饰的旧金山别墅，该别墅为砖红瓦屋面

10.每户窗户的洞口形式各不相同的旧金山别墅，土黄与暖灰色的立面装饰

11.灰色屋面的旧金山别墅，局部弧形的连续券洞长窗

12.阳台采取突出、凹入、半凹入等形式设计的旧金山别墅群，门前少许绿化

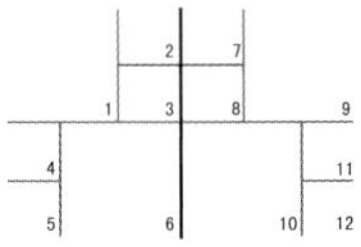

1.柠檬黄、橄榄绿、砖红色等过渡自然的旧金山别墅群

2.蓝色檐部、窗口与局部墙面构成简洁图案装饰的旧金山别墅

3.强调屋顶高度与檐部造型不同、立面色彩不同的旧金山低层别墅建筑群

4.建筑侧墙使用木瓦的旧金山工匠风格的住宅小建筑

5.上下都有防火疏散考虑的旧金山别墅

6.有轨车路边建造的旧金山联排建筑，每栋别墅都有精心的设计与特点

7.砖红瓦屋面的旧金山联体别墅，立面靠明度与色相微差来实现视觉过度

8.旧金山的低层别墅依靠立面墙砖、涂料、凸凹的檐、套、�等来解决单调感

9.加强二层局部突出与升起，三层退后处理的旧金山别墅

10.二层开间考虑连同屋顶一起局部突出的旧金山别墅

11.单坡与双坡屋顶纵横交错的旧金山白色别墅

12.造型、色彩、肌理设计各不相同的旧金山别墅

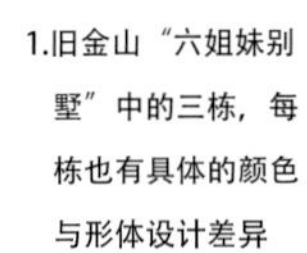

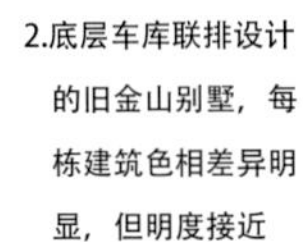

1.旧金山“六姐妹别墅”中的三栋，每栋也有具体的颜色与形体设计差异

2.底层车库联排设计的旧金山别墅，每栋建筑色相差异明显，但明度接近

3.修剪绿篱夹人行步道的旧金山别墅庭院，六角券洞门廊连接一层客、餐厅

4.铁艺围栏庭院的旧金山黑瓦白墙别墅，檐板、门窗套涂普鲁士蓝色

5.白色檐口、门窗套，草绿与浅蓝立面的旧金山沿街别墅

6.红瓦屋顶，三层退台处理的旧金山沿街住区别墅

7.一层车库，边门上楼的旧金山沿街低层别墅

8.层高略有差异的旧金山联排别墅

9.从山上望去“六姐妹”住宅中的五栋，远处可见地标建筑超美金字塔

10.沿坡地而建色彩各异的旧金山“六姐妹”别墅，路边栽有整齐的行道树

11.建于坡下路边的旧金山别墅群

12.一层被用作店铺的旧金山沿街浅黄色立面别墅

纽瓦克别墅

新泽西州位于美国东北部，连接纽约与费城。1524年意大利到达海城，1909年荷兰在此宣称主权，1664年英国夺得控制权，改“新荷兰”为泽西岛。独立战争中，1776年英军战败，1787年归属美国。

纽瓦克位于新泽西州东北部工商业城市。在帕塞伊克河畔，濒纽瓦克湾，是大纽约市的一部分。是美国境内人口密度前几位的城市。纽瓦克于1694年由苏格兰、爱尔兰以及威尔士的移民建立，所以建筑深受荷兰与英国的影响。

纽瓦克别墅以三层居多，屋顶以双坡为主，也有单坡与四坡，顶部颜色以浅灰色居多。墙立面五彩纷呈，荷兰绿常见，但都能很好地统一在白色或灰色之中，同时也很好地注意到了色相的过度与衔接。

由于用地紧张，别墅联体或紧挨，房子进深大，面宽窄，绿地庭院少，但是在行道树连接带状地带尽可能多地种有草坪。建筑变化主要集中在入口门廊与窗的部位上。

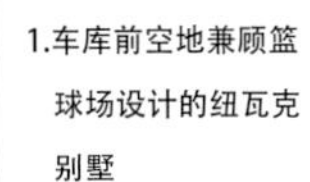

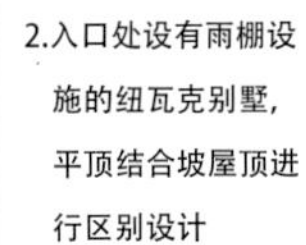

1.车库前空地兼顾篮球场设计的纽瓦克别墅

2.入口处设有雨棚设施的纽瓦克别墅，平顶结合坡屋顶进行区别设计

3.纽瓦克沿街别墅群，建筑立面采用雨淋木板、石片、木瓦等材料装修

4.纽瓦克联排别墅，檐口及门窗套采用白色勾画，蓝绿黄色依相同明度过渡

5.统一在白色檐口、门窗套之中的纽瓦克别墅

6.纽瓦克沿街别墅群，黑色屋面、檐部、飘窗显露出英国设计的影响

7.庭院围栏采用透明塑料编织的纽瓦克黑瓦别墅，墙面有暖灰色雨淋板设计

8.冷暖灰色协调设计的纽瓦克多层沿街别墅，雨棚采用厚重的坡顶

9.将蓝色与绿色分开的纽瓦克暖灰色单体沿路小住宅

10.纽瓦克蓝色、浅蓝与浅绿色分隔的住区别墅

11.纽瓦克冷色住区别墅，行道树结合带状草坪绿地

纽瓦克别墅

1.风格迥异的纽瓦克沿街灰色别墅，同一色相明度对比
2.屋顶檐部设计不同的纽瓦克沿街别墅
3.电表放于室外便于抄表的纽瓦克别墅
4.阁楼有老虎窗出屋面的纽瓦克沿街联体别墅，黄与绿临近色相协调
5.黄与灰色彩协调中有对比的纽瓦克沿街邻设别墅
6.车库进户分开的纽瓦克黄棕色别墅，门窗与檐部用白
7.双单坡结合设计的纽瓦克独栋别墅，暖灰色将蓝色分离
8.蓝绿黄红邻近色相过渡的纽瓦克坡顶雨淋板小住宅建筑
9.黄色插进蓝色建筑中的纽瓦克沿街别墅，二层窗下墙结合一层的窗上檐坡进行设计有新意
10.纽瓦克暖灰色别墅群，屋面采用棕色系加深
11.由侧门入户的纽瓦克别墅，紫墙局部蓝色屋面，灰绿墙采用白色及棕灰局部坡顶设计
12.楼梯休息平台入户处的棕红面砖、白色门窗以及黑白两色围栏

纽瓦克别墅

1.直梯入户，二层采用通长厚重檐部的纽瓦克沿街独栋别墅

2.绿白灰相互接色设计的沿街侧梯入户的独栋别墅体群

3.红黄蓝绿白灰色相丰富的纽瓦克市区沿街别墅群建筑

4.纽瓦克沿街联体蓝绿雨淋板别墅

5.采用单坡、双坡、四坡屋面出墙出顶的纽瓦克独栋别墅

6.采用白灰黑处理屋面、柱檐、屋面与门窗的纽瓦克别墅

7.纽瓦克沿街绿色、蓝色、白色与黄色多层别墅

8.灰色、深棕色、土黄色纽瓦克别墅群，白灰色用于屋面、檐柱与门窗

9.入口形式各异的纽瓦克沿街别墅

10.黄白分离绿与浅绿的纽瓦克沿街联体别墅，棕色与灰色在一层调整

11.入口檐部设计不同的纽瓦克沿街独栋别墅，用白色穿插于蓝黄绿单体建筑勾划装饰之间

12.红绿黄棕白装饰的纽瓦克沿街别墅，有色无色分离设计

匹兹堡别墅

1787年12月12日加入美国联邦成为美国第二个州的宾夕法尼亚，是1638年瑞典建的“新瑞典”殖民区，后由荷兰统治。1664年被英国夺取，1681年英国贵族新教威廉·宾从英王查理二世得到该地建殖民地的特许，并根据英王要求命名为“宾夕法尼亚”，意为“属于宾家的土地”。该州的匹兹堡有美国“钢都”之称，位于丘陵地带，是全美最大的内河港口。闻名世界建筑大师赖特设计的“落水别墅”就坐落在熊溪河畔。

匹兹堡别墅明显受到瑞典的深色面砖、荷兰上下分割的窗格以及英国中世纪维多利亚时期木挂板影响。但是也有受英国手工艺运动影响发展起来的本土“工匠风格”，如比例适度协调柱台支撑的全幅与半幅门廊，内设座椅茶台。

匹兹堡别墅以坡顶居多，颜色为黑灰或棕色，材质为砖砌或石砌，上部除门廊木作或钉木雨淋板，刷白色、黄色或其他色彩。

别墅庭院开放型居多，园子多有坡地，种草坪，近建筑栽植绿篱灌木，平衡室内外较大的高差。

1.匹兹堡落水别墅底部庭院水池砌体上放置有人物石雕
2.匹兹堡落水别墅庭院边缘设置的方形错落花坛与旱景局部小园子
3.匹兹堡落水别墅沿路庭院集中栽植的花卉灌木
4.匹兹堡落水别墅路边栽植的黄色花丛与其他灌木
5.纵横交错挑檐挑板挑阳台的匹兹堡落水别墅与庭院
6.环抱于崇山峻岭树林之中的落水别墅的后面园路与建筑
7.由桥头望去的匹兹堡落水别墅与庭院,深挑平台的后边建筑立面露出红紫色金属窗格
8.正在维修之中的匹兹堡落水别墅，支撑结构的柱子有片状石材装修
9.地面放有动物毛毯的宾州匹兹堡落水别墅室内，土黄色的沙发上放置了棕红、黄等色彩的靠垫
10.落水在别墅低谷处流淌，庭院植物岸边茂盛的生长
11.落水别墅后园路庭院花架，一侧与山体衔接

FALLINGWATER

1.雄伟壮观的匹兹堡落水别墅与庭院，谷底处可见跌水的设计

2.匹兹堡落水别墅庭院入口处设立的置石雕塑，上有落水别墅的英文名称

3.匹兹堡落水别墅后边与庭院结合部设计了潺潺细水不断地流入池中的景观

4.匹兹堡落水别墅山间台阶与扶手尽显自然的状态

5.二楼平台进入建筑的落水别墅的通道与遮板设施构件

6.玻璃通透，可引入明媚阳光的匹兹堡落水别墅书房，顶部玻璃透光设计

7.沙发、凳子围绕茶几的匹兹堡落水别墅客厅，盆栽与花卉点缀其间

8.室内地面与室外采用相同石板设计的落水别墅室内

9.匹兹堡落水别墅庭院山间园路为行人提供可短暂休息的防腐木座椅

匹兹堡别墅

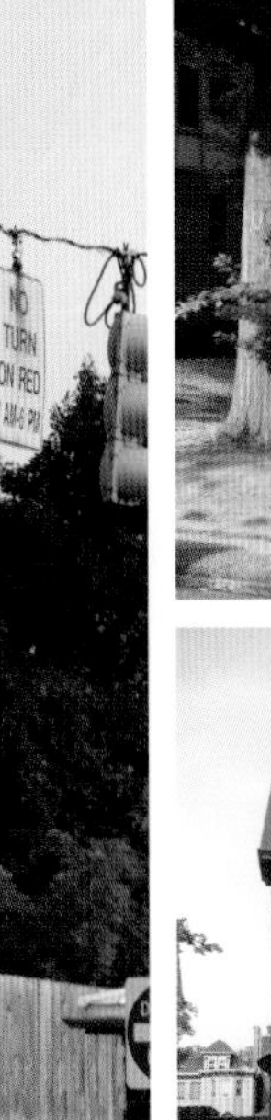

1.由门廊耳房颜色改变上下层色彩辨识度的匹兹堡砖造别墅

2.门廊各不相同匹兹堡砖砌别墅，临街庭院有绿篱围界

3.匹兹堡黄蓝白浅灰立面不同的别墅

4.匹兹堡黄色墙身对比邻近砖别墅，绿篱或木本色围栏

5.每家入户门洞与厅廊不尽相同的匹兹堡砖砌别墅，坡地草坪与绿篱庭院

6.阁楼屋顶造型与色彩有辨识度的匹兹堡砖砌别墅，庭院有围栏或绿篱

7.门亭及屋面迥异的匹兹堡砖造别墅，庭院由绿篱分隔

8.匹兹堡烧结砖瓦棕红色别墅，门窗为白色形成对比

9.布艺遮阳的匹兹堡砖砌或石砌别墅，庭院绿篱分隔

10.局部抹灰浅黄色涂料的匹兹堡砖砌棕瓦别墅，庭院混凝土挡墙上围栏用木板及钢管丝网

11.白色雨淋板的匹兹堡砖砌小宅，开放庭院孤植老树

12.屋檐深挑黑顶的匹兹堡砖砌别墅，墙角采用隅石，庭院绿地依坡就势

rewind memories

1.匹兹堡黑瓦白墙别墅与草坪绿地庭院
2.砖砌平顶局部挂木瓦的匹兹堡砖砌别墅，沿街为商用
3.受英国中世纪维多利亚风格影响木构架外露的匹兹堡红瓦白墙别墅与庭院
4.门廊加布艺遮阳的匹兹堡砖砌别墅，入门口处栽植灌木
5.墙砖和部分白色雨淋板成材质对比的匹兹堡别墅，绿篱围界庭院，车库位于坡地下端
6.比例协调柱台支撑单坡半幅门廊的匹兹堡棕瓦黄墙别墅
7.跨坡设计的的匹兹堡平顶别墅与庭院，入户与车库分层
8.匹兹堡雨淋板别墅采用入户与车库分层设计
9.平顶接坡顶错层设计的匹兹堡白墙与砖砌结合立面别墅
10.花坛连接车库与庭院绿地的匹兹堡砖砌黑顶别墅，局部竖白墙板设计
11.台阶连接入户与车库的匹兹堡砖砌坡地别墅与庭院，花坛结合台地
12.橘红色雨淋板墙突出砖墙的匹兹堡别墅，台阶连接车库路与入户园路

1.由卵石花坛接车库路与庭院绿地的匹兹堡黑瓦白雨淋板别墅
2.邻接工匠风格的匹兹堡砖砌别墅
3.坡地置石庭院结合砖墙的宾州匹兹堡砖造别墅
4.匹兹堡别墅庭院中树下白色木质座椅上有动物及拟人雕塑
5.匹兹堡陶瓷砖装饰的错层别墅与庭院，局部雨淋板墙凸出
6.黑白灰三色设计的匹兹堡别墅，庭院开放，车库门邻接建筑户门
7.匹兹堡别墅庭院绿篱灌木近建筑栽植
8.匹兹堡淡黄色别墅与绿地庭院，檐部墙角与门窗为白色
9.白色勾勒檐部门窗的匹兹堡砖砌别墅，绿地近小住宅处栽植修剪树篱
10.车库门上做斜角的匹兹堡垮坡地浅黄色别墅与庭院
11.双开入户红门的匹兹堡黑顶砖砌别墅，车库上墙为灰色竖板突出，坡地庭院花坛为弧形状
12.有欢迎字样布艺的匹兹堡黄墙黑顶别墅与坡地庭院

1.庭院台阶结合车库路面、花坛与绿地设计的匹兹堡黑顶雨淋板别墅
2.车库邻接入户门亭设计的匹兹堡黑顶雨淋板别墅与绿地
3.砖砌立面结合雨淋板的匹兹堡黑顶别墅与坡地绿化庭院
4.匹兹堡别墅庭院绿地栽植有彩叶树
5.坡顶延伸插入前户门设计的匹兹堡白色雨淋板砖砌别墅与庭院
6.布艺窗口遮阳，扶墙烟囱也挂雨淋板设计的匹兹堡深檐砖砌别墅
7.临街庭院入口设有铸铁信报箱的匹兹堡黑顶灰墙别墅
8.匹兹堡黄色别墅与庭院
9.窗框由黑边装饰的匹兹堡白雨淋板别墅与坡地庭院
10.车库门涂蓝的匹兹堡雨淋板别墅与坡地庭院，门户台阶邻接花坛与绿地
11.阁楼开有天窗的匹兹堡蓝墙别墅，庭院花池与树池用散落大块置石界定
12.灰色竖板竖窗设计的匹兹堡别墅，庭院绿地结合灌木与高大乔木栽植

220

1.门与窗百叶涂紫色的匹兹堡别墅，庭院绿地结合局部旱景与灌乔木

2.紫色车库门前场地结合停车与篮球运动的匹兹堡白色别墅与庭院

3.匹兹堡黑顶别墅主次入口设有门亭

4.匹兹堡别墅园路结合信报箱、旱景花坛、绿地进行设计

5.红色布艺遮阳，勒脚涂红的匹兹堡砖砌别墅，庭院园路结合台阶与绿地设计

6.木柱支撑全幅门廊的匹兹堡棕色雨淋板砖砌别墅

7.门与窗百叶涂饰蓝色的匹兹堡白色雨淋板别墅

8.匹兹堡棕色与黑色屋面的白雨淋板别墅与坡地庭院，建筑散水铺白色卵石

9.柱撑全幅雨廊的匹兹堡工匠风格黄色雨淋板别墅与庭院

10.白黑点缀于砖红墙面的匹兹堡砖砌别墅，庭院青石板园路结合枯景花坛与绿地

11.入口门亭为砖砌的匹兹堡灰色雨淋板别墅

12.门洞同时连接两个砖柱全幅门廊的匹兹堡砖砌别墅

1.檐部钉连续的白色半圆木瓦的匹兹堡别墅
2.正立面局部山墙下由大小不一矩形文化石装饰的匹兹堡黑瓦白雨淋板别墅
3.墙角窗口仿隅石烧结砖砌筑的匹兹堡石砌别墅
4.庭院临建筑入口两侧栽植橘黄色灌木花卉的匹兹堡黑顶蓝色小住宅
5.匹兹堡黑顶黄色别墅，庭院植草坪
6.四根巨型圆柱支撑全幅坡顶门廊的匹兹堡砖砌别墅，檐口、门窗及围栏为白色
7.以楼梯起步围界花坛的匹兹堡灰顶白色别墅与草坪庭院
8.木柱支撑全幅坡屋顶门廊的匹兹堡小住宅，绿地庭院近建筑处种满绿篱
9.匹兹堡黑顶砖砌别墅，绿地庭院采用修剪绿篱维护
10.受荷兰建筑风格影响的匹兹堡对称式砖砌别墅，庭院草坪用毛石围界
11.匹兹堡黄色雨淋板别墅，坡地满植灌木草坪与花卉
12.屋面方形与圆形木瓦结合的匹兹堡别墅

1.门廊为工匠风格的匹兹堡别墅与庭院
2.复坡屋顶门廊的匹兹堡雨淋板别墅，屋面窗不对称
3.木柱支撑门廊绿瓦及黄瓦覆盖的匹兹堡紫红色别墅
4.匹兹堡别墅坡地用台地与花坛衔接
5.四坡、两坡、复坡灰色屋顶的匹兹堡浅黄色雨淋板别墅
6.匹兹堡白色雨淋板别墅与绿地庭院
7.庭院内设有滑梯与晾晒设施的匹兹堡蓝顶暖色墙面别墅
8.前后设有门廊，统一在深浅绿色之中的匹兹堡坡顶别墅与坡地庭院
9.三侧带有门廊，黄墙棕瓦设计的匹兹堡别墅，庭院近建筑室内外高差处设花坛，且栽植红色花卉及其他灌木
10.匹兹堡石造别墅，草坪结合覆土花坛
11.蓝色屋顶覆盖的匹兹堡紫色雨淋板别墅，白色勾勒门窗
12.匹兹堡蓝瓦黄墙别墅与开放式庭院

1.临近建筑处栽植整齐黄色花卉的匹兹堡棕瓦黄墙别墅
2.百叶窗为黑色的匹兹堡白色别墅
3.黄黑砖点缀砖砌墙面的匹兹堡棕顶别墅，住间与车库挂浅黄色雨淋板，绿地结合花坛与树木栽植
4.蓝灰瓦屋面的匹兹堡白色雨淋板挂墙阁楼别墅
5.匹兹堡烧结砖砌别墅，入户建有门廊
6.四面环绕门廊、法国风格设计的匹兹堡灰瓦棕墙别墅
7.双坡黑色屋面的匹兹堡石砌别墅，木构挂雨淋板，庭院结合公共绿地
8.道路、绿地、田园做成图案样式的匹兹堡石砌农家别墅
9.匹兹堡灰顶白墙别墅，绿篱界定的园路经过花坛
10.匹兹堡灰顶土黄木瓦小住宅与庭院
11.重视柱台雨廊的匹兹堡工匠风格黄墙邻接别墅群
12.匹兹堡绿顶黄墙别墅与开放式庭园，台下菱形木格前点缀灌木旱景花坛

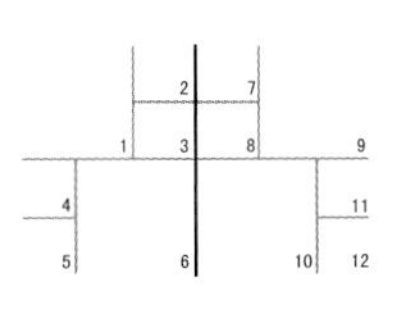

1.每家带有入户门廊的匹兹堡沿街砖砌别墅，台地入户门前路两侧栽植灌木
2.钢结构支撑半幅门廊的匹兹堡沿街砖造别墅
3.重视坡顶出窗，户门出墙设计的匹兹堡砖造别墅，有花坛式草坪庭院
4.门亭凹入的匹兹堡沿街砖砌别墅，庭院绿篱、草坪结合红砖园路铺装
5.匹兹堡沿街红色烧结砖建造的别墅，有坡地开放性绿地
6.罗马塔什干柱支撑门廊的匹兹堡砖与蘑菇石造别墅
7.匹兹堡沿街法式坡顶别墅与绿篱庭院
8.老虎窗探出四坡屋顶的匹兹堡沿街砖砌别墅与庭院
9.柱台砖柱支撑全幅门廊的匹兹堡沿街多层坡顶别墅
10.重视券洞运用，屋顶出窗，白色勾边的匹兹堡砖造别墅与坡地草坪庭院
11.匹兹堡砖砌别墅，院内绿地穿插绿篱
12.暖色立面设计的匹兹堡沿街多层坡顶维多利亚时期砖造别墅与庭院

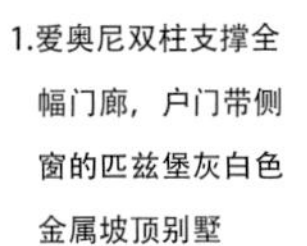

1.爱奥尼双柱支撑全幅门廊，户门带侧窗的匹兹堡灰白色金属坡顶别墅

2.庭院内有铁艺亭子的匹兹堡砖砌别墅

3.半圆形雨廊与弧形飘窗，门及窗都带有侧窗的匹兹堡复顶砖造别墅与绿地庭院

4.匹兹堡黑顶砖造沿街别墅与庭院

5.基础石材构筑，门上檐部有弧形叠涩装饰的匹兹堡沿街砖砌别墅，庭院为台地草坪

6.山花部位为圆形雨淋木板，雨廊悬挑的匹兹堡沿街别墅，庭院边缘榫石插地

7.等距檐椽出挑，黑顶匹兹堡沿街别墅，门亭爬有攀援植物

8.门廊角部三柱支撑的匹兹堡砖造别墅

9.山墙檐口厚实的匹兹堡维多利亚时期别墅，修剪绿篱结合自然生长的灌木

10.侧设券式门洞与门廊的匹兹堡黑瓦砖造别墅，庭院栽植开白花的灌木

11.带有雨廊，屋顶复坡的匹兹堡别墅

12.入户门廊各不相同的匹兹堡风格迥异的别墅与灌木绿地庭院

1.利用坡地建造庭院的匹兹堡山地别墅
2.有两个楼梯入口的匹兹堡单体黑顶黄墙别墅，檐部及门窗口部位为棕色
3.庭院石砌花坛枯景与绿地图案相间的匹兹堡别墅，墙面砖砌与木板肌理对比明显
4.匹兹堡深色别墅，窗台与烟囱的压顶为白色
5.车库门与墙带有斜撑木结构的匹兹堡黄色别墅与庭院
6.木板错位钉制双层围栏庭院的匹兹堡砖木混造坡顶别墅
7.三层主立面突出的匹兹堡山地别墅与庭院，车库与进户分层
8.木柱支撑凸阳台的匹兹堡别墅，二层以上为蓝色雨淋板
9.底层、门廊、花坛为砖造的匹兹堡雨淋板别墅与庭院
10.白门白窗的匹兹堡黑瓦红墙别墅与坡地草坪庭院，建筑侧后部栽植乔木
11.坡地板石园路连接车库与入户的匹兹堡白雨淋板别墅
12.草坪庭院近建筑处栽植柏树与修剪绿篱的匹兹堡砖造坡顶别墅

1.由门厅衔接车库、卫生间、客餐厅、楼梯与居室的匹兹堡棕顶别墅与庭院
2.紫色百叶窗与砖造墙面色彩协调的匹兹堡别墅，庭院修剪绿篱近建筑栽植
3.入户门廊侧围红色布艺的匹兹堡三层砖木混造别墅与坡地开敞庭院
4.一层车库，二层有凸飘窗的匹兹堡坡顶山地别墅与庭院
5.匹兹堡住区别墅，庭院孤植树木结合绿篱、灌木等
6.匹兹堡红砖黑瓦别墅与草坪庭院
7.匹兹堡别墅庭院围栏木板，望柱雕刻马头，高柱挂路灯，矮柱托信报箱，拱洞门形筑花架，木作统一为白色
8.匹兹堡别墅附有色彩浓重屋顶的库房与草坪庭院
9.拥有黑顶红瓦白门窗的匹兹堡别墅
10.匹兹堡砖砌别墅
11.角部设有砖柱门廊的匹兹堡黄砖别墅，檐部涂紫红
12.白门白飘窗的匹兹堡棕顶别墅，草坪庭院孤植大树

1.车入地下设计的匹兹堡山地别墅，车库挡墙结合园路、花坛与草坪绿地
2.园路与户门曲折连接的匹兹堡坡顶别墅，上层为木造雨淋挂板，绿地庭院种灌木，设花坛
3.高草透过木色围栏的匹兹堡别墅
4.底部白色木质围栏遮挡高脚支撑平台的匹兹堡砖砌别墅
5.墙挂横竖雨淋木板的匹兹堡坡地别墅，庭院有木质围栏
6.匹兹堡砖砌别墅，庭院园路结合台阶、绿地与花坛
7.顶层木结构建造的匹兹堡砖砌别墅，绿地庭院由木板围栏局部界定
8.匹兹堡坡顶别墅，砖墙突出三色面砖装饰的震荡色彩
9.普鲁士蓝遮阳板的匹兹堡林间砖造别墅，草坪庭院近建筑处设计围带花坛
10.匹兹堡垮坡设计的砖造别墅，坡地草坪庭院丛植兰花
11.匹兹堡山地庭院用方木围筑挡土
12.匹兹堡坡地别墅，庭院挡墙树池内填卵石与石块

匹兹堡别墅

1.叶形铁艺方钢构造柱支撑门廊的匹兹堡黑顶别墅，绿地庭院绿篱树下地铺卵石

2.栏板钉在车库外墙上的匹兹堡砖造坡顶别墅，顶层木作外墙白色雨淋板，坡地庭院接山区林地

3.匹兹堡庭院绿地中的卵石小景观

4.坡地挡墙采取方枕木与烧结砖组砌

5.匹兹堡别墅草坪园路起止处设置的置石与小花卉

6.匹兹堡砖砌别墅与坡地绿化庭院

7.匹兹堡木结构外墙挂白雨淋板别墅与坡地开放型庭院

8.入口设长棚遮雨，花木格围栏接花坛的匹兹堡别墅，庭院坡地开放

9.烟囱扶墙半凸出的匹兹堡别墅，庭院孤植树木配合花坛

10.庭院强调台阶边缘提示性设计结合花坛与坡地绿化的匹兹堡砖造别墅

11.裸地树池内栽植有花卉灌木的匹兹堡别墅草坪庭园

12.匹兹堡别墅坡地庭院树池用片石插摆围砌，内植灌木

1.蓝色布艺遮阳设计的匹兹堡黑顶别墅，庭院中超长的白色木制围栏连接车库路面与坡地绿化

2.入户门与车库门临接的匹兹堡维多利亚时期的砖木别墅与草坪坡地庭院

3.匹兹堡别墅庭院围界设置的双层错钉防腐木围栏

4.匹兹堡木造平台砖木结构黑顶别墅与木质围栏庭院

5.楼梯与平台采用木材制造的匹兹堡别墅与林木中的庭院，建筑一层使用了空心玻璃砖

6.庭院绿地中立有篮球蓝板结合车库前车用路面兼具运动场地的匹兹堡别墅

7.木栏与围桩极具山野自然色彩的匹兹堡别墅庭院

8.高脚平台挂有围网的匹兹堡别墅与庭院坡地绿化

9.坡屋面下延结合入户雨棚设计的匹兹堡黑顶黄墙别墅

10.黄棕墙面绿色百叶窗的匹兹堡别墅

11.弧形园路缸砖铺地的匹兹堡庭院

12.匹兹堡坡顶砖造别墅庭院中铁艺花架吊有三个花篮

1.门及侧窗勾嵌黑边的匹兹堡黑顶别墅，百叶窗也为黑色

2.灌木花坛中铁艺杆吊有花篮，还有一个木作小信报箱

3.匹兹堡蓝色别墅庭院车库路边设有信报箱与篮球栏板

4.黄色碎石铺设树池与花坛的匹兹堡别墅与草坪庭院

5.门上镶嵌椭圆形玻璃，两侧设竖条窗的匹兹堡棕色别墅与坡地草坪庭院

6.砖砌与木作结合的匹兹堡上部挂白色雨淋板的别墅庭院

7.二层住间木结构挑出外挂蓝色雨淋板的匹兹堡砖造别墅与草坪坡地庭院

8.窗户分成上下两部分，顶层木结构挂蓝色雨淋板的匹兹堡砖造别墅

9.带有飘窗的匹兹堡坡顶别墅，草坪庭院中栽植有灌木与乔木大树

10.在连接车库与入户平台楼梯间园路边设有休闲座椅

11.匹兹堡砖砌别墅的庭院中植有花卉与灌木

12.匹兹堡砖砌筑别墅，庭院中栽植有修剪的长条形绿篱

184

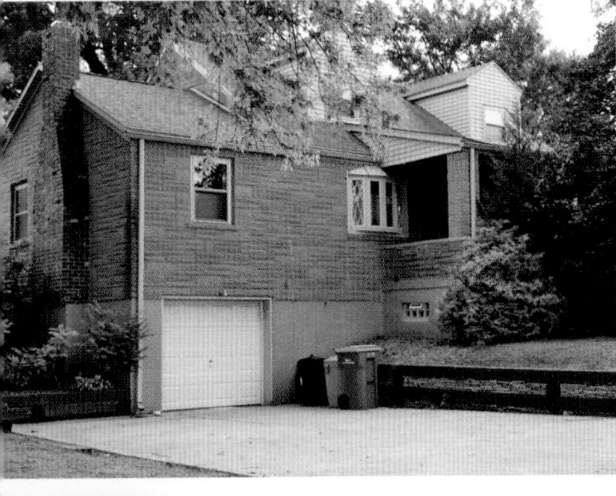

1.匹兹堡砖造别墅与绿篱庭院，楼梯引导木柱支撑门廊
2.坡顶两个方向出老虎窗设计的匹兹堡条形石材装饰的砖砌别墅
3.匹兹堡砖木混造别墅，雨淋挂板与门为蓝色，坡地庭院草坪绿地结合灌木与乔木
4.石块与枕木围砌的的坡地庭院，围墙设角枕木插进坡地增加挡土结构的稳定性
5.棕色门窗屋面设计的匹兹堡黄墙别墅，草坪庭院近建筑处栽植绿篱灌木
6.门廊侧入的匹兹堡棕顶黄墙别墅
7.扶墙拱璧砖砌烟囱的匹兹堡仿石面砖装饰的砖混别墅
8.匹兹堡棕顶砖砌别墅，草坪庭院绿篱灌木点线面结合
9.突出二层住间木结构黄色挂板设计的匹兹堡别墅与庭院
10.色彩鲜明的匹兹堡别墅
11.受荷兰风格影响强调横竖线对比的匹兹堡白色别墅
12.匹兹堡别墅庭院中围筑圆形花坛，内植小树花卉灌木

1.草坪与灌木围界弧形园路的匹兹堡灰顶黄墙别墅
2.黑白棕上下三段式的匹兹堡坡顶别墅，草坪庭院孤植大树
3.悬挑白色雨棚的匹兹堡黑顶黄墙别墅，近建筑处植灌木、花卉
4.匹兹堡别墅庭院长椭圆形花坛中依次植花卉灌木与树木
5.石砌基础的匹兹堡黑顶别墅与庭院
6.木柱撑两个不同方向全幅门廊的匹兹堡别墅，近建筑处围筑花坛
7.草坪庭院由塔松、圆灯、修剪绿篱结合设计的匹兹砖造别墅
8.角位凹入门廊，一侧木柱支撑全幅休闲门廊的匹兹堡黑顶白墙别墅
9.匹兹堡黑顶黄墙砖造别墅，庭院园路接楼梯入口处设高绿篱遮挡
10.绿篱围界并引导园路入户的匹兹堡陡坡黑顶砖砌别墅
11.门窗口形不一的匹兹堡别墅，草坪近建筑设修剪绿篱与花卉
12.柱台比例协调全幅门廊的匹兹堡蓝顶白墙别墅与花草灌木庭院

GMC

308

1.柱台比例协调双柱支撑全幅门廊的匹兹堡棕顶蓝色雨淋挂板别墅

2.匹兹堡别墅庭院裸地花坛放有小雕塑，还有彩叶树

3.砖柱支撑全幅门廊的匹兹堡砖造别墅

4.匹兹堡别墅庭院草坪的彩叶树下栽植一组修剪绿篱与裸地花坛

5.基础白色石材砌筑的匹兹堡蓝色雨淋挂板别墅，草坪中夹出一个木制平台

6.墙上挂有花篮的匹兹堡虎皮石砌筑的别墅与草坪庭院

7.石砌下部，木制墙板的匹兹堡别墅，坡地栽植草坪，库房独立

8.棕顶黄墙的匹兹堡别墅，草坪庭院近建筑处有修剪绿篱

9.钢构柱撑半幅门廊的匹兹堡别墅色彩各有不同

10.与辅助门亭山花同为紫色的匹兹堡灰白两色山地别墅，庭院立体绿化

11.基础涂白，匹兹堡坡地黄墙别墅与草坪庭院

12.匹兹堡黄色面砖装修的坡顶别墅，裸地花坛中栽植有蓝紫色花卉

200

1.匹兹堡石片与雨淋板装修的棕瓦坡顶别墅与庭院，车行路面铺砾石

2.匹兹堡坡地别墅后庭院草坪接木制楼梯平台，紫红色彩叶树

3.砖红、蓝灰、白色搭配的匹兹堡别墅，车库上面为平台

4.匹兹堡沿街坡顶别墅群，草坪庭院局部结合修剪绿篱

5.树木围绕的匹兹堡坡地坡顶砖造别墅与草坪庭院

6.匹兹堡紫色屋面的砖砌别墅，草坪庭院散布花坛

7.深檐悬挑接门柱与山花木架的匹兹堡坡地砖造别墅，庭院栽植灌木

8.垮坡设计，黑白两色装修的匹兹堡别墅，近建筑处设花坛栽植灌木

9.柱台比例协调支撑全幅门廊的匹兹堡木本色雨淋板别墅，花坛围绕建筑

10.白色老虎窗出屋面的匹兹堡别墅，台阶处植绿篱灌木

11.匹兹堡山地别墅，路交汇处由枕木围垒起来的花坛小景

12.山地别墅庭院由条石围界花坛，坛内满植花卉灌木

WEIGHT
LIMIT
6
TONS

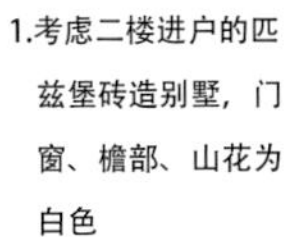

1.考虑二楼进户的匹兹堡砖造别墅，门窗、檐部、山花为白色
2.山花为黄色的二层匹兹堡绿色雨淋板别墅，坡地满植草坪、花卉与灌木
3.台阶结合坡地的匹兹堡蓝色雨淋板别墅，户门楼梯侧入
4.上下门窗不对称的匹兹堡沿街别墅，庭院植草坪
5.木柱支撑半幅门廊的匹兹堡绿顶白墙别墅与草坪庭院
6.一侧石柱支撑全幅门廊的匹兹堡别墅，屋顶及材料多样，强调肌理对比
7.近停车场的匹兹堡住区白灰两色别墅
8.柱台比例协调支撑全幅门廊的匹兹堡灰顶黄墙别墅
9.庭院柏树围护的匹兹堡石材砌筑的坡顶小住宅
10.柱撑全幅山花门廊的匹兹堡绿顶砖砌别墅，砖砌挡土庭院平整阔远
11.老虎窗出顶的匹兹堡灰白两色别墅
12.斜坡屋面接老虎窗，曲坡屋面接门廊的匹兹堡沿路灰白两色别墅

1.柱台支撑法式门廊的州匹兹堡黑顶砖砌别墅与台地庭院

2.宽幅老虎窗出屋面的匹兹堡白色别墅，院子台地立体绿化

3.侧入门廊的匹兹堡坡地白板别墅，草木庭院结合绿篱

4.车库上设平台由铁艺栏杆围挡的匹兹堡别墅，庭院栽植乔灌木

5.分块草坪庭院孤植乔木的匹兹堡灰顶砖砌别墅，近建筑处设树篱花坛

6.侧入门廊的匹兹堡砖砌别墅，草坪绿篱树木围绕建筑

7.砖柱支撑半幅门廊侧位设计的匹兹堡白色雨淋挂板别墅

8.雨落水管与木作涂饰的白色匹兹堡石砌别墅，半地下室单独辟出口

9.匹兹堡灰顶砖砌别墅前面庭院平整开阔，后面树木围绕

10.木柱支撑门廊与平台的匹兹堡白色雨淋板别墅

11.设有飘窗与高窗的匹兹堡灰色别墅，草坪庭院前院孤植乔木

12.庭院设有服装、书籍售卖的匹兹堡浅黄色别墅，烟囱为砖红色

1.一侧柱撑半幅休闲门廊的匹兹堡石砌别墅，草坪庭院园路结合台阶与花坛

2.高坡顶阁楼的匹兹堡白色雨淋板别墅，近建筑处有点式修剪绿篱

3.菱形白色木格围栏加台阶入口的匹兹堡坡顶砖造别墅，庭院绿地孤植小树

4.木柱支撑半幅休闲门廊的匹兹堡圆木别墅，开放草坪结合山野绿地

5.侧角砖柱撑凹入门廊的匹兹堡别墅与草地庭院

6.柱撑半幅门廊的匹兹堡别墅，近建筑花坛中有舞女雕塑

7.侧入门廊的匹兹堡黑白别墅，绿地庭院结合灌木与乔木

8.方柱支撑门廊的匹兹堡灰色别墅与草坪小庭院

9.旋切柱支撑门廊的匹兹堡白色别墅，庭院花坛由几棵柏树分割

10.柱支撑门廊的匹兹堡灰顶砖砌别墅，门窗雨棚灰白条纹

11.庭院灌木与草坪夹设园路引导入口的匹兹堡黄色别墅

12.坡道与台阶并用进入木柱支撑门廊的匹兹堡坡顶石砌别墅

2772

1.台阶有羊等动物雕塑的匹兹堡压型钢板与砖木混造别墅

2.大老虎窗出屋面的匹兹堡白色石砌别墅，灌、树木围绕

3.基础石砌，木结构松木本色雨淋板的匹兹堡坡地别墅

4.砖砌老虎窗联拼出屋面的匹兹堡复坡别墅，绿地灌木与树木自然生长

5.全幅门廊的匹兹堡黄色雨淋板别墅，台阶两侧与建筑边植修剪绿篱

6.侧入休闲门廊的匹兹堡灰顶砖造别墅，草坪花坛与修剪绿篱近建筑

7.匹兹堡山下蓝顶别墅，砖石与木板同色，草坪庭院置石结合灌木

8.松木本色雨淋墙板的匹兹堡绿顶砖木混造别墅，门窗框涂饰绿色

9.休闲门廊拼接的匹兹堡木构白色别墅

10.山脚三向全幅门廊的匹兹堡黑顶白墙别墅与草坪庭院

11.匹兹堡灰顶黄雨淋板别墅，山花墙板竖向涂绿色，草坪庭院开阔

12.角部入口的匹兹堡土黄别墅，草坪庭院近建筑植绿篱

1.匹兹堡坡下灰顶白色及棕顶黄色别墅群，庭院结合丛林

2.环绕门廊法国风格的匹兹堡棕色别墅，围栏涂装白色

3.璇木柱撑半幅门廊的匹兹堡棕顶黄墙别墅，草坪开放

4.庭院绿篱围绕休闲门廊的匹兹堡黄色雨淋板绿顶别墅

5.木柱支撑木地板门廊的匹兹堡绿顶砖砌别墅

6.基础砌块本色，木柱支撑全幅休闲门廊的匹兹堡坡地白色别墅

7.丛林地缘的匹兹堡灰顶白墙别墅与庭院

8.石砌基础的匹兹堡墙白板棕顶别墅，草坪庭院接树林

9.匹兹堡棕顶白墙别墅，草坪庭院局部花坛，绿篱近建筑

10.木本色竖板与白雨淋板装修的匹兹堡砖造别墅与草坪庭院

11.软帽屋顶接边门廊的匹兹堡坡地白板与木瓦别墅，开放庭院接丛林绿地

12.老虎窗出屋面的匹兹堡坡地白板黑顶别墅，庭院灌木围挡门廊

OPEN
sale

1.绿地林木中有房车、货车、轿车的匹兹堡棕顶灰墙别墅
2.草坪上摆放有服装、餐桌、轮胎等生活用品出售的匹兹堡棕顶黄板别墅
3.勒脚石片装修的匹兹堡棕色雨淋墙板别墅与草坪庭院
4.一侧复坡屋面设计的匹兹堡黑色别墅，庭院园路铺砾石
5.树木之中，前面草坪开敞的匹兹堡黄板黑顶别墅
6.商用的匹兹堡绿顶白墙别墅，近建筑处栽植绿篱及树木
7.匹兹堡棕顶白板别墅，草坪圆花坛有雕塑与衣挂式花篮
8.对角门廊的匹兹堡棕顶白板半地下别墅，庭院栽植草坪接林地
9.匹兹堡沿街形式与色彩各不相同的别墅群
10.黑白灰相搭配的匹兹堡木造雨淋板别墅，草坪孤植高乔树木
11.路边坡屋顶上有金刚出拳雕塑的匹兹堡小住宅
12.侧门凹入的匹兹堡砖砌灰色别墅，台阶两侧与建筑周边设花坛

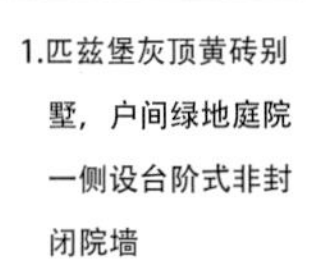

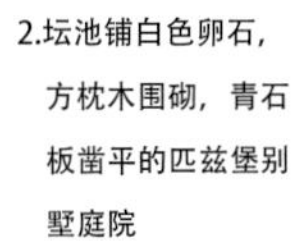

1.匹兹堡灰顶黄砖别墅，户间绿地庭院一侧设台阶式非封闭院墙

2.坛池铺白色卵石，方枕木围砌，青石板凿平的匹兹堡别墅庭院

3.修剪绿篱结合坡地草坪与道路的匹兹堡别墅庭院

4.高基础与勒脚配合山地建造的匹兹堡黄板别墅与庭院

5.木本色板斜装的匹兹堡砌块与木构混造的灰色别墅

6.利用坡地建造的匹兹堡砖造灰色别墅，坡下设木本色围栏

7.木柱支撑半幅门廊的匹兹堡二层灰色坡顶别墅，坡地草坪庭院配合灌木

8.匹兹堡红砖别墅与库房，草坪庭院结合公共林地

9.白色老虎窗出蓝灰色屋面的匹兹堡砖砌别墅，庭院园路一侧与建筑周边栽植绿篱与灌木

10.草原与山林中的匹兹堡土黄板别墅

11.勒脚虎皮石砌筑墙贴栗色木板装饰的单层匹兹堡坡顶别墅与庭院

12.匹兹堡别墅银色库房与红色房车置于庭院一端

芝加哥别墅

芝加哥位于伊利诺伊州，在美国中北部偏东，1673年法国人来到了这片土地，开辟了皮草贸易，1818年芝加哥加入联邦。芝加哥是该州最大的城市，1871年10月8日由于牛圈失火引发的一场大火，烧毁建筑物17000余幢。由于钢铁工业的发展与电梯的发明，重建之后的芝加哥成为第一个摩天高楼城市。

城西的橡树园是世界建筑大师赖特1889~1909年最早生活与工作的地方，园中不少别墅都是出自他的手笔。后来从1909年的芝加哥大学校区的罗比住宅，再到1936年匹兹堡熊溪河畔的流水别墅，赖特创建了“草原别墅”的设计理论，这和伊利诺伊州有着平坦的大草原有关。

芝加哥橡树园别墅受法国影响，室内地坪远高于室外，一般坐落于有半地下室的空间之上。木结构挂雨淋墙板与圆形或方形木瓦则与英国维多利亚时期同步，特别是安妮女王式角楼、转角围栏、月拱门等都有模仿与变现。木结构木板、砖石砌筑贴面都有使用。橡树园庭院草坪开敞，结合树木、灌木，在建筑高脚部位设花坛以实现内外高差的过度。

1. 由赖特设计的“草原别墅”坐落在芝加哥大学校区的罗比住宅现已作为博物馆对外开放
2. 罗比住宅的入口门上有赖特设计的菱形格玻璃图案
3. 从沿街的角度看去赖特设计的罗比住宅的遮阳挑板与长稳宽敞的阳台
4. 由赖特设计的花坛、阳台、绿地、院墙等庭院元素组成的钢筋混凝土结合砖砌的罗比住宅
5. 围墙结合绿地、花坛，砖石结合基础石材与压顶混凝土建造的赖特设计的罗比住宅
6. 罗比住宅纵横交错的屋面平直挑板改变了以往的坡屋顶结构，为赖特的设计开辟了新的思路
7. 罗比住宅的院落内的商店把赖特设计的一些元素演化出不同的商品出售
8. 赖特设计的罗比住宅有一间作为商业门市使用，内部也设有收银等功能
9. 罗比住宅赖特设计博物馆的商店入口的门等都还保留了原有的设计格局与构件元素

FREDERICK C.
ROBIE HOUSE

FRANK LLOYD WRIGHT
HOME AND STUDIO
TOURS BEGIN IN
MUSEUM SHOP
GoWright.org

1.芝加哥大学校区内由赖特设计的罗比住宅庭院内的旱景水池明显受到了日本影响

2.罗比住宅博物馆商店内出售赖特设计的元素商品与图纸、书籍等

3.罗比住宅院门口两侧地面弧形石收边，墙基础显示出细部

4.芝加哥郊区的赖特住宅及工作室博物馆，指示牌导引由商店开始参观

5.由这个园路绕过赖特住宅就可进入到后边的博物馆商店

6.弗兰克・劳埃德・赖特博物馆的右面部分住宅及左面部分工作室

7.赖特的博物馆院庭院内地面砖上刻着设计师作品的名字

8.弗兰克・劳埃德・赖特的住宅及工作室博物馆院内混凝土铺装园路连接两侧花卉灌木与树木

9.由橡树园支路上望过去的弗兰克・劳埃德・赖特的坡顶砖砌别墅建筑

10.赖特住宅及工作室博物馆庭院内树木、绿篱及花坛

11.弗兰克・劳埃德・赖特博物馆的工作室一端园路、花坛

1.木柱支撑庭廊与阳台的橡树园灰瓦红墙坡顶别墅与庭院
2圆形鱼鳞状木瓦结合水平雨淋挂板装饰的橡树园别墅
3.庭院弧形园路红砖铺地饰白边引导的橡树园砖砌别墅，檐口门窗为白色
4.橡树园别墅庭院绿地的花卉、绿篱与灌木
5.芝加哥郊区橡树园两栋别墅庭院园路之间的草坪与花坛弧线设计
6.檐椽出挑工匠风格的橡树园黄墙别墅，草坪结合灌、乔木
7.绿色与蓝色屋顶覆盖，局部突出砖砌效果的橡树园别墅
8.车库由坡道引入地下的橡树园绿顶白墙砖造带飘窗别墅，挡土墙结合花坛
9.芝加哥郊区橡树园沿街的绿色与蓝色沿街别墅与绿地
10.园路台阶引导高台方柱支撑半幅雨廊的橡树园砖木混造别墅，草坪结合花卉、灌木与树木
11.橡树园别墅人行道与庭院连接处花卉灌木的裸地花坛
12.掩映于树木之中的橡树园别墅，树木根部围种花卉

1.柱撑平民风格全幅门廊，紫灰色圆形鱼鳞木瓦对比蓝灰色雨淋墙板的橡树园别墅

2.柱台支撑半幅门廊的橡树园灰白两色别墅与庭院

3.芝加哥橡树园白雨淋板的灰紫色屋顶别墅与庭院

4.白色勾勒红门绿墙的橡树园维多利亚时期的别墅与庭院

5.钢结构支撑两侧门廊的橡树园小住宅与庭院

6.坡顶与盝顶结合设计的橡树园黄墙灰瓦别墅，庭院满植花卉灌木与树木

7.橡树园别墅庭院围栏与挡墙细部，圆球柱下半部分布满浮雕

8.巴洛克式老虎窗出屋面的橡树园维多利亚别墅与庭院

9.竖窗设计的橡树园黄墙别墅，草坪庭院结合修剪绿篱

10.香肠状柱支撑门廊的橡树园灰色别墅，门窗檐柱白色，草坪结合灌木

11.遮掩于树木花卉之中的橡树园别墅

12.石柱支撑门廊的橡树园砖造别墅与庭院

1.鱼鳞木瓦与雨淋板挂墙，哥特式角楼蓝色安妮女王风格的橡树园灰瓦黄墙别墅

2.厚重挑梁支撑雨廊的橡树园砖砌别墅，一面墙用石片装饰

3.两侧旋木柱支撑雨廊的橡树园灰色别墅，草坪庭院近亭廊栽植花卉与灌木

4.庭院边侧由橙紫色花卉界定的橡树园沿街别墅

5.受英国风格影响的阳台柱与栏板用铸铁花的橡树园砖木混造别墅

6.有凸窗设计的橡树园坡顶别墅与庭院

7.侧入的橡树园灰色别墅，勾白紫两色，花坛摆石围砌

8.半幅门廊的橡树园勾紫色的暖灰色别墅，草坪与园路基本持平

9.月拱门阳台，圆形露台，尖塔圆柱角楼的安妮女王风格橡树园别墅

10.砖砌扶墙烟囱出屋面的橡树园黑顶黄墙别墅

11.橡树园红顶黄墙别墅与草坪庭院

12.角部设门廊的橡树园条状蘑菇石别墅，绿地草坪结合花坛

1.六边形角楼上收为攒尖的安妮女王式橡树园别墅，庭院草坪结合灌木

2.墙面用鱼鳞圆形木瓦的橡树园灰顶绿墙哥特式别墅

3.塔什干柱撑环绕檐廊的法国风格橡树园兰紫灰色别墅

4.木结构外露英国中晚期的橡树园别墅，本色木质围栏，两边绿化

5.陡坡顶接宽幅烟囱的橡树园灰顶黄墙别墅与庭院

6.片状烟囱结合砖砌的橡树园坡顶别墅，庭院围墙有圆球柱

7.二层飘窗出墙的橡树园灰色别墅，路与建筑周围植灌木

8.旋木柱撑环绕围廊的法式橡树园灰顶白墙别墅，门窗套及檐部饰黄色

9.颜色与屋面形态风格迥异的橡树园沿街别墅群，绿化庭院开放

10.城堡感的橡树园橙紫色别墅，草坪庭院结合柱上花盆

11.强调横线的橡树园砖砌别墅，橙红色勾勒棕紫色墙面与围墙

12.园路经过孤植树池花坛的橡树园棕色别墅与草坪庭院

1.圆形角楼攒尖安妮女王式的橡树园黑顶黄墙别墅与绿地
2.白色勾勒檐柱门窗套的维多利亚时期的橡树园黑顶黄墙别墅，庭院绿化
3.安妮女王风格的橡树园黄紫绿灰别墅，庭院植灌木与乔木
4.木结构显露的英式橡树园灰色沿街别墅群与庭院绿地
5.安妮女王风格有月拱门的橡树园黑顶黄墙别墅，檐柱门窗墙角也勾黑
6.工匠风格的橡树园黑顶别墅，白色窗框与百叶窗扇，草坪起坡结合绿篱
7.檐部深挑的橡树园黑顶黄墙别墅，勒脚砖砌，草坪庭院孤植树木
8.三角墙檐部有镂空花饰的橡树园灰色雨淋板别墅，草坪结合花卉置石灌木
9.突出勒脚与烟囱砖砌效果的橡树园别墅与庭院
10.屋面突出排水效果的橡树园别墅，庭院有矮墙与围栏
11.白色檐柱门窗洞口的橡树园别墅，曲折园路边绿植
12.突出木结构的橡树园灰顶白墙别墅与庭院

1.柱撑门廊与阳台且带有角楼设计的安妮女王式橡树园暖灰色墙别墅与庭院
2.柱撑半幅门廊的橡树园奶白色别墅，庭院满植灌木花卉
3.入口有花坛的橡树园砖砌别墅，山花门窗及局部墙涂黄
4.灌木围绕橡树园灰色别墅，白色勾饰檐柱及门窗洞口
5.阳台栏板方块涂白与角楼檐下方窗协调的橡树园别墅
6.塔什干柱支撑门廊的橡树园灰顶蓝墙别墅，檐柱栏杆门窗饰白
7.重视柱撑门廊的橡树园黄墙与蓝墙沿街小住宅群与庭院
8.梯侧墙柱引导入攒尖门廊的橡树园白墙别墅，强调横线与飘窗
9.柱台支撑角圆形长边露台的橡树园白色别墅，红棕色勾勒檐部与门窗套
10.橡树园别墅门廊围栏圆环交接
11.带有角楼与环绕门廊的安妮女王风格橡树园绿色别墅与绿地庭院
12.柱台支撑全幅门廊的橡树园灰色别墅，白色勾画檐部与门窗洞口

1.维多利亚时期门廊环绕的橡树园灰顶蓝墙别墅，紫色点缀，白色檐柱门窗及木制围栏装饰

2.角上半部设有弧形木作装饰构件的橡树园灰顶白墙别墅

3.橡树园别墅庭院围栏结合灌木与树木设计

4.圆柱支撑全幅门廊的维多利亚时期橡树园灰色别墅

5.圆柱支撑全幅休闲门廊，入口强调色彩搭配的橡树园别墅庭院

6.具有安妮女王圆形角楼特征的橡树园红墙别墅与庭院

7.重视山花、檐部浅浮雕装饰的橡树园砖砌别墅

8.强调带型长窗与横线的橡树园别墅，庭院门柱两侧栽植花卉灌木

9.角楼安妮女王风格的橡树园灰顶白墙别墅与庭院

10.白楼梯围栏的橡树园安妮女王式砖石别墅与庭院

11.庭院树下有休闲座椅的灰绿色别墅

12.车可通过圆柱支撑全幅门廊的橡树园砖砌别墅与庭院

1.维多利亚时期带有圆形角楼安妮女王风格的橡树园砖石木混合结构别墅
2.橡树园砖造灰顶别墅，庭院部分铁艺围栏结合修剪绿篱
3.柱撑休闲门廊的橡树园浅绿别墅，园路种花卉、灌木
4.强调雨淋横板的橡树园灰顶别墅，庭院木本色栏板结合门、园路与绿地
5.橡树园别墅庭院内有攒尖通风设备屋
6.有建筑出脊的橡树园黑顶白墙别墅与庭院
7.窗上带小山花檐饰的橡树园黑顶白墙别墅，草坪孤植大树
8.庭院木本色围栏的黑顶灰墙橡树园别墅
9.平台上柱撑格栅棚架的橡树园灰顶绿墙别墅，庭院种花卉、灌木
10.圆形角楼安妮女王风格的橡树园灰色坡顶别墅，檐部饰红色十分醒目
11.橡树园别墅庭院一角的灌木与树木群落
12.台阶侧入或直入户门的橡树园黑顶联体别墅与庭院

SPEED
LIMIT
20

1.橡树园灰顶蓝墙低层别墅与庭院 张翮 摄

2.园路引导台阶入户，檐柱门窗涂白的橡树园别墅 张翮 摄

3.烟囱扶墙的橡树园坡顶别墅，停车用绿篱遮挡 张翮 摄

4.石材、烧结砖、雨淋板装修的别墅 张翮 摄

5.多边形塔楼穿越屋面的橡树园灰色坡顶别墅 张翮 摄

6.草坪庭院孤植树木的橡树园别墅 张翮 摄

7.入口植紫叶李的橡树园别墅，立面局部用文化石装饰 张翮 摄

8.窗户条块分割的橡树园黑白两色别墅 张翮 摄

9.屋面檐部门窗涂绿的橡树园别墅 张翮 摄

10.圆柱支撑半幅亭廊的橡树园别墅 张翮 摄

11.前后设有门廊的橡树园土黄色别墅 张翮 摄

12.白色檐柱门窗勾画的橡树园灰色别墅与绿地庭院 张翮 摄

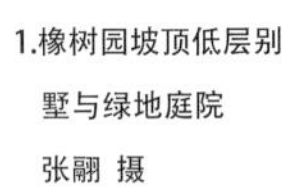

1.橡树园坡顶低层别墅与绿地庭院
张翮 摄

2.具有半圆筒形屋面木瓦墙的橡树园别墅
张翮 摄

3.紫色点缀门、窗套、老虎窗间墙的橡树园浅黄雨淋板别墅
张翮 摄

4.柱撑阳台设窗的橡树园砖砌灰色别墅
张翮 摄

5.爱奥尼柱撑半幅休闲门廊的橡树园黑顶黄墙别墅
张翮 摄

6.有门廊与飘窗的橡树园别墅及绿地
张翮 摄

7.灌木围绕橡树园灰色别墅与开放庭院
张翮 摄

8.橡树园砖柱撑休闲门廊，勒脚虎皮石砌筑的土黄色别墅
张翮 摄

9.橡树园坡顶别墅绿地近建筑处设花坛栽植灌木
张翮 摄

10.各有特色的橡树园坡顶别墅与庭院
张翮 摄

11.草坪夹园路近角台阶进入休闲门廊的橡树园浅灰别墅
张翮 摄

12.黄紫灰色彩搭配的橡树园别墅
张翮 摄

1.墨绿门窗与门廊的橡树园砖砌别墅
张翮 摄

2.植栽梯次靠近橡树园的灰白色小住宅
张翮 摄

3.白色老虎窗、门廊、百叶窗勾画的别墅
张翮 摄

4.橡树园别墅庭院植绿叶与彩叶树
张翮 摄

5.塔什干柱撑休闲门廊的橡树园别墅
张翮 摄

6.台阶侧入户门的橡树园坡顶别墅
张翮 摄

7.窗台鲜花盛开的橡树园黑顶白色别墅
张翮 摄

8.草坪近建筑分组设计树篱，砖砌扶墙烟囱的橡树园别墅
张翮 摄

9.橡树园别墅庭院有照明灯具
张翮 摄

10.多种色彩相搭配，门廊坡顶辨识度高的橡树园住宅群
张翮 摄

11.灰色主调黑白点缀的橡树园别墅群
张翮 摄

12.土红与黄搭配的橡树园别墅，庭院有带棚的休闲长椅
张翮 摄

1.橡树园黑顶浅黄色别墅，草坪庭院种植花卉灌木与绿篱
张翮 摄

2.砖柱支撑半幅结合全幅休闲门廊的橡树园浅灰色别墅
张翮 摄

3.有T形窗设计的橡树园坡顶灰色别墅及庭院
张翮 摄

4.橡树园灰色住区沿街别墅群，草坪庭院上种大树，花坛内植绿篱
张翮 摄

5.弧形园路引导进入休闲门廊的橡树园浅灰色别墅，庭院绿地开放
张翮 摄

6.街区转角的橡树园灰顶白色别墅，庭院密集木质围栏结合铁艺
张翮 摄

7.维多利亚时期雨淋板与木瓦装饰的橡树园灰色别墅，庭院有彩叶树
张翮 摄

8.由台阶直梯进入户门的橡树园白色坡顶别墅与绿地院落
张翮 摄

1.橡树园黑顶白墙别墅，园路分割成块，草坪绿地局部花坛栽植树灌木
张翮 摄

2.六边形角楼插接橡树园灰顶白墙别墅，草坪绿地庭院
张翮 摄

3.橡树园坡顶灰色别墅，花台开满鲜花，草坪绿地庭院依次走高围向建筑
张翮 摄

4.草坪结合园路，两侧绿篱引导入口的维多利亚时期橡树园灰顶白窗别墅
张翮 摄

5.橡树园浅黄色砖红顶别墅，院内高大乔木结合灌木草坪
张翮 摄

6.有六边形角楼的橡树园白色雨淋挂板坡顶别墅群与庭院
张翮 摄

7.墙面材料采用灰泥、涂料、雨淋挂板、石材、面砖混搭的橡树园坡顶住区小建筑
张翮 摄

8.浅黄色墙面衬托出连续椎体状绿篱的橡树园别墅，三窗连续套黑白色
张翮 摄

1.老虎窗、飘窗、横窗分层设计的橡树园灰顶白墙别墅，台阶两侧有花坛
张翮 摄

2.柱支撑半幅休闲门廊的橡树园黑顶白墙别墅
张翮 摄

3.竖条门窗与方形窗户成对比的橡树园别墅，绿地庭院结合塔锥形树木与修剪有型的绿篱
张翮 摄

4.方柱与圆柱支撑半幅门廊的橡树园灰顶黄墙别墅，住区有草坪绿地
张翮 摄

5.草坪庭院立有高杆皇冠式园灯的橡树园浅黄色别墅
张翮 摄

6.旋木柱支撑休闲门廊的橡树园黑雨淋板别墅，庭院树木绿篱结合草坪
张翮 摄

7.三角墙上悬挑人字雨棚的橡树园灰白两色别墅，楼梯引导进入半地下室
张翮 摄

8.两向有土红色圆柱支撑亭廊的橡树园白雨淋板别墅，檐部门窗框饰蓝色
张翮 摄

1.门蓝色勾红线的橡树园雨淋板与圆形木瓦装饰的白色别墅

张翮 摄

2.挂雨淋白板的橡树园灰顶别墅，草坪端部圆形花卉簇拥一株塔锥状树篱

张翮 摄

3.橡树园黑顶白色别墅，台阶结合中柱，草坪结合树木种植

张翮 摄

4.柱支撑半幅休闲门廊的橡树园棕顶灰色别墅，檐柱窗户饰白色

张翮 摄

5.侧入半幅休闲门廊的橡树园灰色雨淋板别墅，雨廊围合庭院绿地

张翮 摄

6.橡树园多色相搭配设计的坡顶别墅，草坪绿地兼做网球运动场

张翮 摄

7.墙面横线强调三段式的橡树园红白色别墅，散石园路结合草坪铺装

张翮 摄

8.法式木柱支撑半幅休闲门廊的橡树园别墅，挂英式红色雨淋墙板

张翮 摄

1.橡树园墙挂白色雨淋板的黑木瓦坡顶别墅，庭院围墙上段也使用黑色木瓦
张翮 摄

2.双柱支撑门廊的橡树园木构蓝灰色木瓦组雨淋横板的别墅，庭院立体绿化
张翮 摄

3.窗台花卉枝蔓爬墙的橡树园灰色坡顶别墅，开放式庭院绿地结合花坛
张翮 摄

4.窗下有斜线组成图案的橡树园浅白色别墅，门窗套及图案饰灰色
张翮 摄

5.柱支撑半幅休闲门廊的橡树园灰色坡顶别墅，檐柱门窗勾白，灌木围建筑
张翮 摄

6.中部突出户门山墙的橡树园土黄面砖别墅，高台楼梯两侧栽植灌木
张翮 摄

7.橡树园色彩与形式多样的沿街坡顶别墅与立体绿化的花木庭院
张翮 摄

8.三面飘窗上接老虎窗三角墙的橡树园灰顶黄墙别墅，梯侧植花卉灌木
张翮 摄

1.维多利亚时期双重斜坡屋顶的橡树园别墅与庭院
张翮 摄

2.橡树园大采光窗别墅，窗间墙与边柱黄色醒目，灌木及树木围绕建筑
张翮 摄

3.木柱支撑平台与阁楼的橡树园休闲小木屋，草坪庭院有圆桌
张翮 摄

4.旋柱支撑半幅结合全幅休闲门廊的橡树园红色雨淋板别墅，檐下与角窗饰雕花
张翮 摄

5.帕拉地奥式窗，圆柱支撑半幅休闲门廊的橡树园灰色别墅
张翮 摄

6.门窗及墙龛形式多变的橡树园浅黄色别墅，草坪周边栽植花卉、灌木
张翮 摄

7.橡树园浅黄色小住宅，车库上面设有休闲平台
张翮 摄

8.单坡、双坡与平顶交集于门廊的橡树园黑顶白墙别墅，庭院栽植大树
张翮 摄

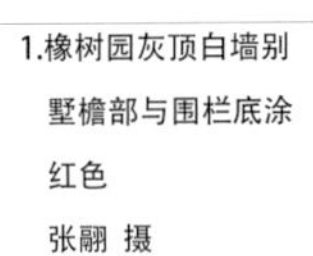

1.橡树园灰顶白墙别墅檐部与围栏底涂红色
张翮 摄

2.橡树园草坪庭院近墙处有花坛与大树
张翮 摄

3.橡树园黄砖结合蘑菇石与蓝色雨淋板的别墅与庭院
张翮 摄

4.户门侧接休闲亭廊的橡树园灰白两色别墅与庭院
张翮 摄

5.橡树园别墅庭院的各种花卉
张翮 摄

6.橡树园灰顶黄墙别墅，庭院内草坪结合灌树木
张翮 摄

7.橡树园别墅庭院铁艺围栏口部墙垛接绿篱花坛
张翮 摄

8.橡树园庭院水池栽水生植物
张翮 摄

9.橡树园铁艺围栏两侧结合绿化的别墅
张翮 摄

10.精心设计的芝加哥橡树园别墅庭院
张翮 摄

11.橡树园别墅放有木制沙发椅与桌台
张翮 摄

12.橡树园庭院圆形水池中放有三个高度不同的浅碗式铸铁喷水设施
张翮 摄

1.软帽式屋顶上部同坡出窗为简化帕拉迪奥式的橡树园灰顶白墙别墅
张翮 摄

2.多利克柱支撑的橡树园浅黄涂料与棕色面砖装饰的坡顶别墅
张翮 摄

3.花架棚廊结合木质围栏，块石间隔铺地结合草生植物的橡树园别墅
张翮 摄

4.深灰三边形窗出角部，凸窗上接老虎窗的橡树园别墅，草坪庭院兼顾植树
张翮 摄

5.橡树园别墅庭院砖砌园路结合砖柱木架花廊
张翮 摄

6.户门位列两端，门廊两段顶叠接的橡树园灰顶白墙别墅
张翮 摄

7.橡树园棕色面砖结合灰泥浅黄涂料装饰的别墅，台阶门廊栽植柏树与绿篱灌木
张翮 摄

8.庭院烧结砖园路，中心有喷水池，花坛由心部向外依次栽植红花、黄紫叶及灌木
张翮 摄

1.方柱支撑全幅接半幅休闲门廊的橡树园灰顶暖灰别墅，近建筑处栽植中乔树木与灌木
张翮 摄

2.建筑边缘与窗口边缘处白色勾画的橡树园灰色别墅，窗百叶涂黑
张翮 摄

3.外角三圆柱支撑半幅休闲门廊的橡树园浅黄色别墅，庭院满植树草灌木与鲜花
张翮 摄

4.双柱支撑通长门廊的橡树园白色别墅
张翮 摄

5.角部台阶同时接合柱撑入户门廊与休闲门廊的橡树园灰顶白色别墅
张翮 摄

6.消火栓、高杆路灯、行道树、铁艺围栏设施完备的橡树园别墅区
张翮 摄

7.树下结合花卉与草坪的橡树园白色别墅与开放式的庭院
张翮 摄

8.由木板楼梯登上坡顶红色木架阁楼且有蓝色滑槽滑下的橡树园住区游乐设施
张翮 摄

1.车库与主体建筑分开的橡树园别墅与庭院，山花檐部门窗为白色
张翮 摄

2.木结构山花挂深蓝色，墙面挂浅蓝色雨淋板的橡树园别墅，楼梯两侧植绿篱与树木
张翮 摄

3.圆柱支撑半幅休闲门廊的橡树园坡顶别墅，近建筑有圆形高草花坛
张翮 摄

4.砖柱支撑凹入门廊接飘窗的橡树园浅黄墙砖砌别墅
张翮 摄

5.柱支撑半幅休闲门廊的芝加哥橡树园浅蓝雨淋板别墅
张翮 摄

6.双柱支撑两个半幅休闲门廊的橡树园浅黄色顶别墅，角部六边形楼体攒尖
张翮 摄

7.老虎窗拱形接方格形断折山花退台的橡树园棕灰色别墅，草坪庭院
张翮 摄

8.橡树园别墅三角墙山花套叠图案，山花与窗百叶为深蓝灰色，草坪庭院
张翮 摄

1.浅绿色雨淋墙板，两向设有柱撑半幅休闲门廊的橡树园别墅
张翮 摄

2.橡树园浅黄色别墅，草坪画出裸地半圆形花坛栽植灌木与树木
张翮 摄

3.柱撑半幅休闲门廊的橡树园浅黄色别墅，庭院草坪一端栽植灌木与树木
张翮 摄

4.角部柱支撑全幅休闲门廊并与墙体45度角相接的橡树园别墅
张翮 摄

5.橡树园强调横线白色窗墙的坡顶别墅，庭院草坪位于街接楼梯园路的一侧
张翮 摄

6.铁艺花支撑半幅门廊的橡树园土黄面砖装饰的软帽棕灰坡顶别墅
张翮 摄

7.多种色彩搭配设计的橡树园沿街坡顶别墅，庭院绿地开放
张翮 摄

8.圆柱支撑半幅休闲门廊的橡树园黑顶白墙别墅，二楼有三边突出的飘窗
张翮 摄

1.作家海明威出生地橡树园维多利亚时期安妮女王风格的坡顶别墅
张翮 摄

2.圆柱支撑休闲门廊的橡树园白色木瓦与雨淋挂板装饰的别墅与庭院
张翮 摄

3.楼梯位于一侧，砖柱支撑半幅门廊的橡树园灰色别墅
张翮 摄

4.草坪庭院两排绿篱中孤植树木的橡树园白墙立面棕色坡顶别墅
张翮 摄

5.旋木柱支撑断折山花休闲门廊的橡树园粉色雨淋板别墅与庭院
张翮 摄

6.遮掩于树木之中的芝加哥橡树园砖砌坡顶别墅与庭院
张翮 摄

7.柱台比例协调支撑凹入门廊的橡树园赖特工作室，柱子的上部为鹈鹕半肉雕塑
张翮 摄

8.木柱支撑环绕休闲门廊的芝加哥郊区橡树园哥特式豆绿色别墅，庭院有铁艺围栏
张翮 摄

911

1.木瓦雨淋板、灰泥涂料与砖砌烟囱材料对比的橡树园坡顶别墅
张翮 摄

2.楼梯两侧绿篱连接室内外高差的橡树园土黄色面砖别墅与庭院
张翮 摄

3.圆筒形攒尖结合高坡灰色木瓦屋面的橡树园橘色面砖别墅
张翮 摄

4.方柱支撑半幅环绕门廊的橡树园土红色安妮女王式别墅
张翮 摄

5.楼梯望柱扶手与檐部门窗套有紫色线勾饰的橡树园灰色别墅与庭院
张翮 摄

6.旋木柱支撑全幅接半幅休闲门廊的橡树园雨淋板别墅与庭院
张翮 摄

7.蘑菇石装修成简洁立面的芝加哥黄墙红瓦别墅，草坪结合绿篱
张翮 摄

8.紫叶李树遮挡，三个直角三角墙突出深灰木结构的橡树园白墙别墅与庭院
张翮 摄

1.方柱支撑全幅门廊的橡树园砖石混砌，雨淋板与面砖材料形成对比的复坡别

张翮 摄

2.六边形角楼攒尖插接的橡树园豆绿色雨淋挂板别墅

张翮 摄

3.旋木柱支撑半幅门廊的橡树园维多利亚时期的圆形木瓦与雨淋板装饰外墙的别墅

张翮 摄

4.方柱支撑半幅环绕哥特式角楼的橡树园别墅与庭院

张翮 摄

5.角部升起方形攒尖屋顶的橡树园米色雨淋挂板别墅

张翮 摄

6.攒尖圆顶顺接两坡屋面插接的橡树园土黄色木瓦及雨淋挂板装饰的别墅

张翮 摄

7.方柱支撑全幅门廊的橡树园砖砌棕色坡顶别墅，庭院裸地花坛植灌木与花卉

张翮 摄

8.橡树园别墅台阶两边虎皮石砌筑墙柱，简易雨棚下的户门带有侧窗

张翮 摄

1.红砖砌筑的橡树园沿街坡顶别墅，草坪庭院开放
张翮 摄

2.方柱支撑橡树园白色雨淋板别墅，檐柱门窗为白色
张翮 摄

3.橡树园别墅庭院使用藤条编织的三角形门洞装饰，园路石板铺设
张翮 摄

4.六边形攒尖角楼插接主体的灰色别墅
张翮 摄

5.方柱支撑环绕门廊上接阳台工匠风格的全白橡树园别墅
张翮 摄

6.方柱支撑半幅门廊的橡树园白灰色小住宅
张翮 摄

7.柱台比例协调双柱支撑全幅接半幅门廊的橡树园灰色雨淋墙板别墅
张翮 摄

8.三角雨廊门为深红色的橡树园别墅入口，台阶花瓶柱围栏，扶手为弧线状
张翮 摄

1.柱头结合樑托半幅门廊的橡树园别墅
张翮 摄
2.橡树园别墅庭院的石铺园路为台阶式
张翮 摄
3.庭院矮围墙水泥抹面结合铁艺围栏的橡树园别墅
张翮 摄
4.橡树园别墅庭院裸地花卉花坛结合局部置石
张翮 摄
5.草坪庭院结合修剪绿篱的橡树园黑顶白墙别墅
张翮 摄
6.圆柱支撑全幅接半幅门廊的橡树园灰色别墅
张翮 摄
7.庭院花坛围界材料选用卵石、缘石与砌块等
张翮 摄
8.橡树园草坪庭院松树下设置有排水口
张翮 摄
9.台阶园路接楼梯入口的橡树园别墅
张翮 摄
10.角部有飘窗砖砌烟囱的橡树园别墅
张翮 摄
11.出挑半圆形雨棚的橡树园白色别墅
张翮 摄
12.停车场一端架板托长方形盆栽花卉
张翮 摄

401
N KENILWORTH AVE

1.塔什干柱撑半幅门廊的橡树园别墅 张翮 摄

2.土黄色雨淋挂板，六边攒尖楼角的橡树园别墅 张翮 摄

3.灌木绿篱与树木围绕，文化石装饰的橡树园别墅 张翮 摄

4.山花檐部棕色木板装饰的橡树园别墅 张翮 摄

5.黄色面砖装饰的橡树园联体单元别墅 张翮 摄

6.台阶与楼梯结合花坛的橡树园浅黄色别墅 张翮 摄

7.砖砌结合雨淋板的橡树园别墅与庭院 张翮 摄

8.橡树园紫色砖砌别墅，树下有塑料椅 张翮 摄

9.橡树园白色雨淋板坡顶别墅 张翮 摄

10石料柱台上圆柱撑全幅门廊的橡树园别墅与庭院 张翮 摄

11.橡树园别墅庭院条石围界的花坛 张翮 摄

12.橡树园别墅庭院不规则石板园路与裸地花坛 张翮 摄

328

1.盝顶门廊的橡树园蓝色坡顶别墅，庭院有弧曲园路
张翮 摄

2.弧形窗突出墙面的橡树园别墅
张翮 摄

3.橡树园别墅墙挂黄色竖板，铁艺围栏围绕庭院
张翮 摄

4.山花饰圆形木瓦的橡树园坡顶别墅
张翮 摄

5.橡树园车库门前路面结合篮球场地
张翮 摄

6.双柱支撑亭廊的橡树园别墅，高差连接处由灌木过渡
张翮 摄

7.草坪绿篱围绕别墅的橡树园
张翮 摄

8.砖柱支撑棕色花架亭廊的橡树园别墅
张翮 摄

9.爱奥尼柱撑全幅门廊的橡树园别墅，檐柱门窗白色
张翮 摄

10.门廊为半圆形的橡树园别墅，庭院内有红彩叶树
张翮 摄

11.色彩浓烈的安妮女王式橡树园别墅
张翮 摄

12.庭院有游乐设施的橡树园住区别墅
张翮 摄

435

1.橡树园土红色坡顶别墅，墙板为豆绿色
张翮 摄

2.车库位于地下的橡树园白墙坡顶别墅
张翮 摄

3.檐柱门窗勾白的坡顶别墅与绿地庭院
张翮 摄

4.爱奥尼柱撑半幅门廊的橡树园坡顶别墅
张翮 摄

5.门廊高脚接至围栏工匠风格坡顶别墅与庭院
张翮 摄

6.橡树园灰色雨淋墙板坡顶别墅
张翮 摄

7.入口黄色花卉引导的橡树园白墙灰坡别墅
张翮 摄

8.橡树园灰白色坡顶别墅
张翮 摄

9.橡树园园路中间有条状无台花坛
张翮 摄

10.三角形券洞门廊的橡树园别墅
张翮 摄

11.庭院浅坛水池与圆形水刷石汀步
张翮 摄

12.芝加哥摆石花坛将树木围在其中
张翮 摄

1.橡树园灰色与白色坡顶别墅
张翩 摄

2.橡树园深浅色相间的坡顶别墅，草坪结合灌木与树木
张翩 摄

3.铁艺围栏挂有盆栽的橡树园坡顶别墅
张翩 摄

4.芝加哥橡树园住区坡顶别墅
张翩 摄

5.方柱撑半幅门廊的橡树园别墅与绿地
张翩 摄

6.弧形园路引导门廊的橡树园坡顶别墅
张翩 摄

7.老树下的橡树园砖造别墅，庭院开放
张翩 摄

8.楼梯连接室内外地坪高差的橡树园别墅与绿地
张翩 摄

9.柱撑半幅门廊的橡树园别墅，草坪绿地孤植大树
张翩 摄

10.圆柱支撑全幅接半幅门廊的别墅，绿地近建筑设花坛
张翩 摄

11.别墅庭院中色彩交织的花卉与灌木
张翩 摄

12.芝加哥郊区橡树园别墅庭院大树周围簇拥着花卉
张翩 摄

芝加哥别墅

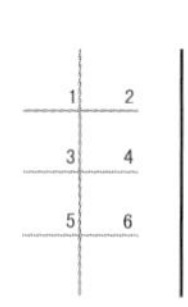

1. 伊利诺伊州芝加哥郊区橡树园住区的公共儿童游乐场
张翮 摄
2. 犹如飞碟可全方位扰动的伊利诺伊州芝加哥郊区橡树园别墅区儿童游乐设施
张翮 摄
3. 伊利诺伊州芝加哥郊区橡树园住宅别墅区设立的钢管与网绳儿童攀爬玩耍运动器械
张翮 摄
4. 适合不同人群使用的伊利诺伊州芝加哥郊区橡树园住宅区设立的秋千
张翮 摄
5. 在伊利诺伊州芝加哥郊区橡树园教堂一侧设立的住区公共儿童游乐设施，有滑梯、水池、沙场、爬洞等
张翮 摄
6. 在家长的监护下，儿童正在伊利诺伊州芝加哥郊区橡树园住区公共儿童游乐设施滑梯上玩耍
张翮 摄